同未来一起行走

预言家

PROPHET

金属与肉体

技术如何接管人类进化

〔加〕奥利维耶·迪安斯 著
朱光玮 译

OLLIVIER DYENS

METAL AND FLESH

THE EVOLUTION OF MAN:
TECHNOLOGY TAKES OVER

中国工人出版社

图书在版编目（CIP）数据

金属与肉体：技术如何接管人类进化 /（加）奥利维耶·迪安斯著；朱光玮译.—北京：中国工人出版社，2020.11
书名原文：
Metal and Flesh——The Evolution of Man: Technology Takes Over
ISBN 978-7-5008-7539-0

Ⅰ.①金… Ⅱ.①奥… ②朱… Ⅲ.①人工智能—研究 Ⅳ.①TP18

中国版本图书馆CIP数据核字（2020）第231232号

著作权合同登记号：图字01-2020-6873号

金属与肉体：技术如何接管人类进化

出 版 人　王娇萍
责任编辑　左　鹏　孟　阳　刘　药
责任印制　黄　丽
出版发行　中国工人出版社
地　　址　北京市东城区鼓楼外大街45号　邮编：100120
网　　址　http://www.wp-china.com
电　　话　（010）62005043（总编室）
　　　　　（010）62005039（印制管理中心）
发行热线　（010）62005996　82029051
经　　销　各地书店
印　　刷　天津嘉恒印务有限公司
开　　本　880毫米×1230毫米　1/32
印　　张　6.25
字　　数　160千字
版　　次　2021年1月第1版　2021年1月第1次印刷
定　　价　68.00元

我并不惧怕生命,只是我已不知其所终。

—— 帕特·卡蒂甘,《合成人》

目　录

序　言 / 1

引　论 / 3

第一章　尤卡坦半岛的陨石坑 / 1

起源:智能条件 / 3

新解读 / 10

科技现实 / 10

文化生物 / 19

文化的欲望 / 27

生活理念 / 31

网络空间的良知 / 40

技术环境 / 45

虚拟的生命 / 48

机器的悲哀 / 50

第二章　或多或少还活着 / 61
病毒 / 63
生命/机器相渗透 / 74
认知生态学 / 75
超体 / 78
身份与网络 / 79

第三章　文化体的崛起 / 85
身体变形:威尔斯、卡夫卡、奥威尔 / 87
莫罗博士的身体变形 / 89
卡夫卡,变形机器 / 96
赛博朋克:身体的恐怖分子 / 117
新的身体模式 / 126
怪物、赛博格和外星生物 / 129

结　语:残酷的奇迹 / 150
注　释 / 156
词　表 / 172
参考书目 / 175
索　引 / 179

序　言

奥利维耶·迪安斯的《金属与肉体》是一本关于文化生物学颇具争议的著作。在本书中,迪安斯的中心论点是:呼吁重新定义身体作为一种文化、意识形态和生物学融合在一起的存在。这就要求人们对身体的替代模型和理解作为自主性生物的自我进行重新审视。

关于金属与肉体的关系,假定身体的本质是信息生态系统复杂性的符号界面。那么,生命、智能、环境和进化将由当代文化对身体进行重新定义,因为它们是由一系列符号而不是器官构成的。文化身体是信息的寄主,既有生命,又无生命。

其实,“金属与肉体”早已被诸如威廉·吉布森、唐娜·哈拉维、凯瑟琳·海尔斯、保罗·拉比诺、凯文·凯利、阿勒克塞尔·塞恩·斯通、理查德·道金斯、曼努埃尔·德兰达和皮埃尔·莱维等学者的著作语境化了。在本书中,他们关于虚拟、遗传、非有机生命、半机械人、智能化分布,以及人类后天条件的论述,使我们能够利用生物学、工程学和信息系统,进行理论研究和艺术创作。《金属与肉体》阐述了人类与技术共同进化的含义,并揭示了它所组成的模糊界限的本质。

是为序。

乔尔· 雷斯顿

引　论

三千多年以来，人类踏上征程，心甘情愿投身未知世界，探索海洋、山脉、行星和太空的幽深，奇异而神秘，追求精神、肉体、瞬息的未知领域。文明之始，彼岸海风瑟瑟，人类扬帆起航，在仪式和祈祷中，透过语言、科学和艺术，从未停息的人类文化一直在努力探索未知领域。自古以来，航海家、先驱者、哲学家和艺术家也在找寻崭新的领地和心灵的世界。

但在这三千多年里，几乎也没有什么是未被触及或神秘不可知的了。那用什么再继续支撑或满足我们不断探索的欲望呢？一个探险家究竟要到哪一站才肯向未知世界低头？我们还会留有哪些地理、精神，乃至情感世界？

我们是否注定最终不再探索？

不，因为科技与生命碰撞，创造了新的未知大陆，它在地平线上若隐若现，那里居住着千奇百怪并令人不解的生命体，它们无疑是智能生命体。但奇怪的是它们没有意识，既算不上完整意义上的活物，也算不上完整意义上的死物，它们绝非真正的人类,但又是从人类二元世界余烬中崛起的生命体,人类周围的世界已变成了充满了由生命组织和金属耦合所诞出的奇异新世界。如今,这些奇异新世界是生物和文化的混合体。

我们已经踏上了一片未知领域,在这里,生命体与机器混为一谈,并揉进了艺术与社会学的尝试与信息透入,这些都为思想所改造。世界开放,但探索的不是地理、精神或情感,而是那些重叠信息系统的不稳定性所滋生出的领域,就此,生命、死亡和诞生都被转化成了不确定和不稳定的表征形式,基本现象也呈现出一副永久污染、变异和转化的样子。当今的新生物学是有机物与文化的相互交融,在它奇异的前沿领域里,人类的血脉在实验室里繁殖,人类也在无数的非现实中消散溶解。

新世纪最终搁浅的海岸上居住着一群生物,他们的身体既是有机的,也是文化的,我们也正生活在这些混合体的世界里,这里的居民是文化体质的。

这个概念不仅指身体与艺术(最传统意义上的文化)之间的共生关系,还指身体与技术、社会、环境、信息自然生产现象(鸟叫、蜂鸣、流行病、新闻媒体等)之间的共生关系;简单来说,就是身体与非基因遗传现象之间的共生关系。今天

2

的地球是依靠人工进化、人工生命和人工智能塑造而成的板块来支撑的，它的居民是赛博格、克隆体、转基因动物、无数种类的人与信息共生体。

这本书是对两种密切相关现象的思考：第一个是技术所引起的我们对世界认知的转变；第二个是文化生物学的出现。

我将要在本书中进行对世界技术层面的解读，并试图证明这些解读不仅明确了文化生物学的出现，而且它们还是文化生物学背后的主要力量之一。其实这些技术解读还表明，生命体已经不单是属于有机领域，如今我们的身体可以由机器、图像和信息组成：我们正在形成文化体。

通过本书中的众多例子、假设和理论，我将提出，纠缠在人类行为、基因以及环境中的文化正在控制我们的生物圈。从人工智能到人工生命，从科幻电影到数字影像，从基因图谱到互联网，我们看到文化表征会对所有形成、制约我们的以及生活在我们体内的一切产生巨大影响。文化无处不在，它存在于每一种日常生活的表现形式之中。

这部拓展性的作品将重点放在了20世纪，毕竟文化与身体之间的紧密互动可以追溯到第一批复杂生命体出现的时候（每个生命体的身体总是会受到基因以外因素的影响[1])。我只选择20世纪作为重点肯定存在着某种程度上的不完美,而且把自己局限在最近一百多年阻碍了历史彻底性的任何可能。但是,这也不完全是一种主观性选择,就算20世纪不是身体、文化和技术之间互动的唯一时期,至少也是这种互动表现得最为频繁和强烈的时期。历史上没有任何一个时期见证过身体与技术这两者纠缠为一体,并真正融入到了政治、信息和文化的各个系统里。从格里高尔·萨姆沙变形到我们所在城市里的那些身体穿孔的青少年,从集中营的囚犯到核辐射的受害者,20世纪将会因身体而被铭记。在这个身体的世纪,被视为有生命的物种身体会被技术和文化塑造和改变,其轮廓和界限也将变得含混而模糊。

《金属与肉体》是一本关于文化生物学的观察,其马赛克般的嵌合写作风格之所以能统一起来,靠的是用尽心力进行广泛的探索,既探索新技术所带来的对世界不同寻常的解读,也探索生命从有机物质向文化表征的转变迁移。本书并未效仿传统,它遵循严格的线性叙事手法提出不同的观点,而更像是围绕两大探索主题进行的一场逻辑松散的思想阅读。

第一章

尤卡坦半岛的陨石坑

起源：智能条件

5

指数级的……

他的透明晶体神经几乎变成了一个数据宇宙，黑暗从四面八方袭来，一个发出令人耳鸣的高频声音的黑色球体压迫着他……

他被压进了黑暗中心，化为乌有、不复存在，黑暗也扩散至极限，化为乌有、不复存在，然后有东西开始被撕裂。

——威廉·吉布森，《神经漫游者》

人类为什么要思考？为什么我们对自己能思考这件事如此陶醉？为什么一旦有什么东西威胁到了我们这种智慧优势，我们就会特别沮丧？我们对同样可以思考的机器感到忧惧，却又舒服地活在无数身体比我们强大的机器周围。为什么我们要满怀忌妒地捍卫我们的思想？

如今人们已达成共识，星球的每种普遍现象在与我们周围环境保持平衡的同时，又发挥着各自独特的作用：哺乳动物、昆虫、地质或气象、化合物，甚至思想。总之，现实存在的所有事物，不管它们密度或总量大小如何，它们都是组成一个复杂结构最精细和最基本的部分。生命呈现出的每个静态或动态都被编进了一张巨网，这张巨网便构成了我们自己的星球。在创造所谓的一己星球之前，第一张万维巨网就是我们称之为地球的星球。在这样一个宏大的格局之中，我们又有何用？我们为什么会身在其中？我们的优秀在何处彰显？我们怎样为存续在这个星球的生态系统里做出自己的贡献？

人类是可怜的物理意义上的标本。我们如此孱弱，既无尖牙也无利爪，人类的听觉、视觉、嗅觉，样样表现平庸，奔跑、跳跃、游泳，哪一样都不十分出众，还特别容易受到气候的制约。此外，在刚刚出生和长成壮年前相当长的一段时期内，人类更是单薄可欺、弱不禁风。那么，我们如何证明自己在这一生态系统中的存在是合理的？人类又将怎样去解释自己那惊人的进化与扩张？我们如何摆脱了灭绝的命运？仅凭一副柔弱的肉体之躯，我们所发挥的特有作用又是什么？在这样一个充满激烈竞争的野蛮生物圈中，人类如何能做到不断延续、繁衍生息？在未来的几个世纪中，我们将如何生存？

6

这些问题迫使我们从一个新的角度去审视星球的生态系统，这个新角度不仅是有机生物的角度，还是一种文化的角度，“星球之网”本就是与文化交织在一起的。从鸟巢到卫星信号传送，我们的生态系统都沐浴、沉浸甚至完全被吞噬于各种文化形式之中。对于这个星球来说，文化本身与其各种表现形式都如同水或空气一样重要。文化就好像一块可以雕塑复杂性的黏土。

如果文化是黏土，那雕塑之手则是智慧。如果我们很少论及文化在进化过程中所起的基本动力作用，那么我们就会更少谈论智慧所发挥的作用了。物种的存活、生态系统的丰富以及生物和非生物现象的历史似乎很少与智慧相关，然而智慧对我们星球的多样性却至关重要。唯有智慧能使生命之网（和环境现象）得以生存。每个系统，无论是星球系统、气象系统还是生态系统，都必须靠各种智慧生存下来，并发展其自身的复杂性，也正是各种智慧在对抗着不断的熵增。因此，我们居住的星球就不只是一片混沌，像把所有有机生物煮成了一锅浓汤，汤上还应冒着智慧的泡泡，它们无处不在，遍及所有生物体，并让作为人类的我们遍地开花、繁衍生息。

我们是思想的智慧生物，这就是我们的用处。我们的意识和思想源源不断，来到这个星球是为了给它播撒种子，让它孕育表象、思想和文化。这就是我们存在的根本意义。因此，我们远不止一组一组的基因那么简单：我们是表象之载体，构建观点之菌落、思维思想之体系。我们所做的一切、所承担的一切、所产出的一切，都只为了一个目的：让这个星球拥有更多的智慧财富，让它的“思维脑力”变得更强大。我们就像无数只蚯蚓，给智慧土壤提供饲料、为它松土、让它受孕，没有这一切最基础的工作，智慧土壤何以存焉。

思想、表征、符号和模因[1]的产生对生物圈的重要性不亚于遗传输出。

我们确实是带着某种意识在改造着我们的星球，并妄图达到它整体构造上的平衡，而我们不是用来满足这个万能实体欲望的工具。进化不过就是一个既不典雅也不邪恶的动态过程，正如古生物学家史蒂芬·杰伊·古尔德所说的那样，进化往往是场不断试错的即兴创造，啰唆冗长且犹豫不决。在各个系统与生物之间的相互作用中并不存在基本的“总体蓝图”。混沌理论也清晰地表述各个系统中没有预先确定的方向。它们对任何起伏变化都非常敏感，所以它们既不可被预测，也不能被安排。生命、结构、复杂性都是如此，它们不会按照预设计划发展，也不会为了优雅美丽的需要而做出调整，各系统都会经受周遭环境的无数考验，逐步趋于成熟。生物与其周围环境处于一种几乎完美的平衡状态，因为它们要么适应，要么消亡。如今，生物的适应力似乎很强，因为它们是在持续不断的进化压力中幸存下来的佼佼者。

人类的智慧并不是什么上帝、命运或者大自然赋予我们的奇特礼物，相反，现代智人之所以会出现，是因为智慧不仅是一种有用的生存工具，还是能让自身得以扩张的富饶的生态位，人类在这个智慧的生态环境里已找准自己的定位，并在适应它的同时，通过它进化了自己。有的生物开拓和利用了有机环境，有的利用了化学环境，还有的利用了物理环境（例如光），当然也有一些生物的生态位会受到时间或空间条件的制约。总之，人类无不置于智慧这个生态位之中，并随着它的发展而繁殖、进化，事实就是这样，没有智慧生态位，就没有人类。

在整个过程中，技术[2] 也找到了用武之地。它既是智慧的物化形式，也驱动了智慧的成长和扩张。如果每个生物体都尽可能地融入自己的生态位，那么它也会努力让生态位适合自己。所有人以及所有生物的主要目的都是与环境融为一体。

通过使用技术，我们试图与智能成为一体。事实上，各种技术都反映出了我们对智能的渴望。在糅合了有机物与智能的技术当中，我们期冀液态的和混合杂交的物质。其实这也是我们涉足生物技术的最终目的，它使我们能够绕过一些最基本的物理定律。没有这些技术，有机物的牢笼早晚会土崩瓦解。生物技术使得我们有能力完全与智能融合。

但技术远不止于此。因为有了它，我们不仅驾驭了环境，而且最重要的是，我们把环境变得更加智能化，使环境被重塑成了一种文化。技术的运用使环境成为对人类友好的生态系统。也正是由于有了技术、思想以及人类的良知，现实可以完美接轨环境，人类生存在其中，一切完美无缺得如我们所愿。这些就是所谓的互联网、万维网、虚拟现实、人造生命和人工智能。

无论是感官或神经，还是假肢或机械，就算是从本体论意义上来讲，技术都可谓是我们的延伸；技术是与人类自己的生态位融为一体的；技术是一种渗透，智能物质早已深深植根于人类，并和人类完全纠缠在了一起。不过，技术一词的局限性太大，事实上，所有的人类智能产出都应该涵盖在这个定义之中。人类和智能互为纠缠，这不仅仅体现在技术领域，在艺术、写作、科学、社会、公共机构和历史中也都同样如此。

我们不会变成半机械半人的赛博格。我们不会被改造成怪物。机器人和克隆生物不会接管这个星球。我们不会变得所谓“人间失格”，但我们会有所不同，这个“不同”不是指我们会变得没有人性，恰恰相反，我们会变成文化人类。每一项新技术的出现，等于人类世界积聚了更多的智能资产，很多新的文化领域也会应运而生。

今天，我们正在见证这种环境、系统、身体和本体趋向智能的汇集和融合。我们不能再把话题停留在讨论人类甚至是后人类状态上了，我们的话题必须牵扯智能状态。

克隆就是一种智慧物质，因为它是实现了一种思想理念的肉体，或者说，克隆是让肉体促使一种思想理念的形成。

新 解 读

科技现实

毫无疑问，我们生活在科技的时代。但这究竟又意味着什么？这个时代对我们的生活有什么影响？科技已介入人类生活最基本的层面，这就迫使我们必须重新定位人类在历史洪流以及宇宙框架体系中的位置。这一新时代创造出的各种机器让我们有能力看到自身从未见过的现象、运动和时代的推动力。机器让宇宙延伸到了我们的天空之外，我们看到了时间之初，听到了恒星的爆炸私语，预言了空间的消逝与永恒。机器帮助我们探索生命领域，我们找寻着那个造就人类并将我们联系在一起的本质。

9

现实世界与生物学息息相关。一只猫、一条狗、一个人、一只蜜蜂、一朵花……所有的生物体都会根据自己的生理需求、基因构成以及进化的特异性去观察、解释和编码世界。我们所看到的世界，不管从理性层面还是从生物层面讲，似乎都只是我们人类自己的世界，而实际上，有多少种生物，就有多少种世界。也就是说，生物的最基本特征之一就是认识。生命、智慧、自我意识不是所谓的用机器客观分类得出的一堆具有绝对指定范畴的概念，其实它们只不过是一些暂时的和充满了不确定性的现象，恐怕只有生物能清楚地做出界定，同时，生物自己也受这种界定结果规约。因此，是生物界定了“什么是”“什么可以是”“什么曾经是”有生命的、有智慧的和有自我意识的。每个界定都离不开生物各自的解读，各种界定由此并不属于绝对范畴的世界，而恰恰属于一种认识的世界。在我之外，由我定义的绝对现象是不存在的。每个定义都要与生物发生这种交互作用才能得到确认。我是一个生物，我就可以界定一个现象是不是有生命的，因为这是自己生命的界定问题。凡是生物，最后都是为了生存，所以，认识成为一种重要的外围力量，我们也自然而然地按照我们的生物学属性适应了这样一种认识，也就是说，为界定的便利，生命绝对要以我们的生存和生物的现实性为基础，它必须直接与人类的方方面面发生交互作用。

早在国际象棋冠军加里·卡斯帕罗夫与超级电脑“深蓝”几轮的对决后，针对陌生生物群与人类交互作用后做出的一些反应，提出了以下想法：“所以关键的是，如果电脑做出了和我同样的举动，但出于完全不同的原因，那这是不是可以归结为它已经‘智能化’了？这种智能举动是靠谁做出的？”

我们终于认识到，我们周围的一切是有生命还是无生命，智能还是不具备智慧，有自我意识还是没有……这些都完全取决于它们与“我”的现实交互程度，毕竟也只有在这样一套界定标准中，自我的生存才会受到威胁。[3]

10 当今的技术使我们有机会接触到了一个崭新的、我们的生物本体无法认知、定义或解释的现实层面。细胞、原子、星系、地壳构造，还有鲸鱼的歌声……这些都是超越人类生物学现实层面的例子。但我们也要看到这种向新的生物领域的延伸也降低了我们的认知能力。人类一旦丢掉了这种认知，也就失去了提出真理假想的动力，与之相对的，我们对自己当然也就无从定义了。在对世界的技术性解读中，让我们能够断然区分生命和非生命的理论框架却恰恰规避了我们人类自己。

例如，一个生命体和一件手工器物之间在原子层面上有什么区别？如何在微观层面上准确地确定一个生命体的生命力？是通过它的血液、细胞，还是分子？我们又如何确定生命体的智慧能力？通过神经元，或者神经树突？如果这些层面与我们的生物现实没有交集，我们根本就无法区分以上的现象。那么在离我们生物现实较远的概念层上，人类的现实框架几乎是失效的。[4]

在这些陌生而远离人类现实的层面上，唯一可能存在的就是利用机器现实了——技术现实。

技术现实中的人和机器是平等的，它形成了人类当前对世界的理解，是一个人/机器的认知能力所见、所感、解码和编码的世界。这一技术现实建立在两个核心思想上——表征的滑动以及技术与自然的纠葛。这两者紧密相连。首先，表征的滑动标志着一种终结，它不仅只针对固定理念而言（政治、宗教、国家等），更适用于一些普遍的和基本的绝对真理，如生命、死亡和起源。表征的滑动告诉我们，其实每个绝对真理都依赖其现实所处的层面以及这些物种的生物学理论。每一条绝对真理，无非就是各种生物体就某些特定现象达成的共识。现在看来，生命、死亡、智慧、起源等概念都离不开认知的程度。事实上，技术现实让我们可以观察到各个不同的本质层次，也就迫使我们认识到，我们所信奉的普遍真理是无常、无序和散乱的。而且，通过观察这些不同的现实层面，我们还意识到，绝对真理不是在界限、排斥和分离的基础上产生的，而是通过浓度和梯度变化产生的。现象不仅仅指活着还是死亡，智能与否，它们真正要说的是在多大程度上拥有生命、智能和意识的问题。绝对真理和各个本质层次一样，以交叠和浸染的方式存在于各种“度”之中。

11

其次，技术与自然的纠葛——技术现实的第二核心思想与第一核心思想密不可分，自然再也不能脱离技术而存在了。机器与人类共同进化，二者彼此已完全融为一体。

因此，反思技术文化不仅仅是去思考技术对人类世界的影响，我们还要审视糅合了生物、现象、机器的新的现实层面的出现。由于这些层面的不稳定性和多重性特点，它们也让我们发现——有时我们是在自己身体里发现的（它们植入了我们对自己最基本的认知中）——研究本体论问题时，机器现在比以往任何时候都变得重要而不可或缺。如果不考虑机器因素，我们甚至已无法探讨关于上帝、自然、生命或者死亡的问题了。任何对于塑造和赋予我们生命之主的认知，任何对我们是什么的认知以及我们对这个世界的理解，即我们的所有表征在很大程度上都取决于机器。在我们对宇宙的现有认知中，已经不存在不牵扯机器的自然秩序了——这就是技术现实。

在超越我们感官的层面上，宇宙是属于机器的，机器穿透了时空禁戒，有如巫师一般地叙述着不安、忧虑和迷惑，还时常没有任何先兆地直接影响了我们是什么和我们想象自己是什么。

从某种意义上讲，这可不是一件无关紧要的事，一种机器文化正在被创造出来。我们制造了它们，它们却有自己看待宇宙的方式。人类用自己的眼睛是永远看不到 X 射线的，但人类组装的卫星可以，卫星还可以用一种只有它理解的语言来分析 X 射线。在机器周围，现实就这样一步步被创造出来，我们与之交流，问它们此刻看到了什么。

机器创造了无数现实，但它们想表达什么？它们在构建怎样的世界蓝图？

第一，界限呈动态。在技术现实中，生物与非生物、智能与非智能的区别在于它们处在哪个层面。假如脱离人类生物学这一现实层面，我们就无法明确区分各类现象。技术现实层面中的种种现象相互重叠、彼此消融，不断模糊着我们原本以为清晰的界限。

12

而想要了解新的现实层面，其中一个关键点在于生命现象与架构要不断超越有机物界限，并且这种超越极具感染力，无论物质、形态还是环境，无一例外都在超越，只不过个体在感染力和易感度上存在很大差别，但生命的各种表现形式皆有可能，形态、物质和环境间所呈现出的这种或多或少的生机与生气就构成了我们的世界。有机生命和人工生命之间、动物智能和人工智能之间，不存在固化的界限，只有界限从不鲜明的渐变。就这样，生命与智慧动态而包容地，从不同角度、不同层次、不同程度渗入物质与现象，万物不断相互作用，彼此互不分离。

第二，永无终点。人的生命体并非终极结果，它仅仅是一个生机盎然的现实层面。身体、智慧、意识、死亡等所有伟大的存在，都不是以生命具体形态为终极结果的现象。身体只是这些现象的载体，一种更具活力、短暂的和不稳定的推动力，而不是现象的终极表现形式。因此，所谓技术本体论的观点就是揭示，我们不能再把生物体看成是一种终极结果，而应将其理解为现象间一系列不稳定的和暂时的、阶段性的相互作用。以目前的表现形式来看，人类历史只是一段历程，是庞大而原始的生命体中一个无限小的组成部分。我们正面对这茫茫宇宙，无限复制、任意变化、无始无终。

第三，一切已被感染。但这无异于说，技术现实揭示的这些崭新的、没有固定界限的现实都已被感染。就好像那些最早的流行病学家在一杯明显是干净的水里看到无数微生物一样，我们现在也已经把我们的世界看成是一个不断被感染的容器，其中的各种现象，没有什么是“健康的”，一切都在传播、互动和感染。皮埃尔·莱维说，宇宙是从人类内部去思考的。不过首先是万物从我们内部去进行感染，如同我们从万物内部感染自己一样。比如病毒，就是我们徘徊在生命与非生命、感染与被感染、创造者与毁灭者之间界限的结果。技术现实明确指出，我们只有在各种现象的相互作用中才能出现生命的契机。我们是不稳定的，会滑动和摩擦，是生命也是非生命，是个体单位也是集体组合，是轨迹，是过程。在不断起伏的构造组织中漂浮着星球这个子宫，我们是它里面的碎片，无源无极地被创造了出来。

13

第四，有机生命只是生命的一种可能。我们所定义的生命体由器官、细胞、血液和水构成，它只是生物学无数的选择可能性之一。每个生命体都诞生在信息交流之中，这种交流可以像具有遗传性一样具有非遗传性。生物的这种信息动态交流也存在于非有机领域。[5] 有机生命只是所有生物的某些层面之一。技术现实让我们不得不认同这样的真理。

成千上万个世界共存在技术现实的国度里，它们的表现形式不是古迹、山川或化石，而是变幻莫测的风。风肆意地吹，消失，又不断出现。在今天的科技现实中，我们所谓恒定的绝对不过是已消散在西洛可热风中的沙丘罢了。所以可想而知，如果给身体、生命、生物或技术下定义的话，那么这些定义都只能是解释性的长篇大论。

我们已无法再以时间和空间的有机认知为基础，为自己构建起一个世界来了。技术现实是一系列矛盾——有机中的无机，非智能中的智能，测量中的量子不稳定性等，这让我们不得不同时了解和接受若干个条件、量度以及每个有机体中的若干个生命体。[6] 我们只是短暂存在的临时模型，而几乎全部模型都可以被随意撤销和重塑。

从生物学角度定义和划分现象的时代已经结束。如今，在关于“我们是什么”的任何一个定义中，机器都是其中不可或缺的组成部分，如果定义中并未涵盖机器对这个世界的理解，人类就不可能成为人类，我们也将不复存在和无法思考。因为这涉及我们如何解读世界、建构其现实以及如何探究其根本，我们正在变成赛博格。无论我们是在寻求对世界科学现象的理解，还是在遥远的星云中

14

寻找上帝的神迹，机器都已无可避免。我们是赛博格，因为只有拥有了机器，我们才能够面对太阳。

文化生物

> 就像生命无情渗入物质，然后永远劫持它一样，文化生命也劫持了万物。因此我坚决主张，文化改变了我们的基因。
>
> ——凯文·凯利，《失控》

我年轻时候与朋友谈话的内容总是会围绕着原子弹。大家都看到过原子弹带来的无数痛苦、荒凉和恐怖的画面，它是我们共同的噩梦，它对现实的控制远非是一觉醒来就能消除的。它无所不能、无处不在，像是个面目可憎、人人怨恨的恶神，在海底、地心或天顶最高处出没，时刻纠缠着人类，它的阴影萦绕脑际、挥之不去。它是死亡之神、混沌之神，全人类都成了他的人质。

今天，虽然这个恶神的形式和名字有所不同，但它仍然潜伏在离我们不远的某个地方。那个纠缠着我们的原子弹已变换了模样，成了令人窒息的污染之神。我们恐惧的不再是什么突如其来的摧毁性武力，而是它缓慢释放和长期造成影响的毒性。总之，不管它叫什么名字，那湮灭的威胁依旧在黑夜中悄然回荡。

但灾难是我们自身的组成部分，而且进化与之紧密相关。某些在生态系统中占主导地位的物种，终会遭遇某个激变的灾难性事件。灾难过后，生态系统出现空隙期，新的物种便散播开来，繁衍生息。地震、潮汐、陨石，甚至是让我们生态系统遭到重创的原子弹，这些都是我们生物框架的一部分。我们是进化的产物，而进化从来都不是线性的和可预测的，它奇特而失衡的历程充满了意外跳跃、迟疑不决和权宜之计，而且开端和结局也不是唯一的。

我们的结局即将揭晓。

若干年来，我们酝酿了自己的灭绝，而这灭绝并非源于核灾难或环境恶化，也并非源于坠落的陨石、致命的战争或某种新型恶性疾病。多年以后，没有人会发现有个尤卡坦半岛的陨石坑来告诉你人类消失的故事。这个故事的开端始于进化本身的深刻变革，它甚至不是要区分一个物种和另一个物种，也不是探究哪个物种能生存下来，哪个物种会灭亡，因为面对灭绝，整个生物领域都处于危险境地。

生物的主宰地位已被文化剥夺。

生命只为繁衍、传播，并且它会利用一切可以利用的手段去实现这一目的。不同的生态系统即将出现，全新的生命形式也会随之萌芽、生长和繁衍。在进化过程中，有的会经过考验、生生不息，有的则会慢慢凋零直至消逝。但有一点是可以肯定的，新的生命形式很快就会像前辈一样主宰整个生物圈，我们称这些新的生命形式为文化体。[7]

但什么是文化呢？也许我们可以按照很多标准定义文化。例如，是否应该区分社会、艺术、哲学中的“文化”和医疗、科技等科学中的文化？“文化”这个词汇本身就含有两个截然不同的含义：农场种植和艺术表达。我们的目的并不是要非常严格地定义文化，而只是想给文化的各种可能性含义设置一些限定。在本书中，文化一词是指：

第一，生物在自然环境中留下的任何痕迹，例如一个巢穴、一条小径、一幅画、一种气味等；

第二，非直接基因途径的信息复制和传播，例如一本书、一首歌、神话故事、候鸟的飞行路线等。

那么，文化与进化论有关吗？为了更好地回答这个问题，让我们来看看理查德·道金斯的进化理论。

道金斯认为基因是自私的，自私的基因控制着进化的过程。按照这一理论，为生存而战的就不是物种个体了，而是基因本身。生物体不过是基因在对抗环境压力时组装起来的容器罢了。我们的身体也是个强壮而有力的容器，它能让居住者——基因，在强烈的化学、环境、气候和地质等外来侵害下得以生存，所以对于基因来说，身体容器的存在很有必要。理查德·道金斯认为，万物，包括爱情、战争和社会，皆可还原为这种自私基因的理念。

16

理查德·道金斯将他的理论继续向前推进，认为人们应进一步关注比基因更基本的生命单位，他将其称为“复制因子”。复制因子只有一个目标——传播，达到这个目标的手段也只有一个——复制。根据道金斯的观点，复制因子是一切事物的构成要素，包括基因、病毒和思想（思想的复制因子被称为memes）。[8] 因此，这个星球上的生命都是在不断追求最有效的传播方式的过程中反复运行繁殖机制（复制因子）的产物。从根本上说，也就是我们的整个生态系统，包括生物、技术、文明、进化等，只是一个复制因子的动态网络。

理查德·道金斯的这一理论蕴含了人们在认知和理解上的显著转变：如果思想可以被视为一种复制实体，那么，文化、宗教、理念、鸟鸣，甚至进化本身也可以被视为复制因子。简而言之，如果复制因子确实处于生物圈发展的核心，那么人类与动物、宗教和机器几乎就没什么区别了，因为它们都是被用来复制的工具。

然而，复制因子是一个时光旅行者，它的目的并不是为了创造有机生命体。时间和空间都是危险的现象，为了能够将生命延续，直至繁殖、传播、达到成熟，复制因子需要把自己置于一个封闭结构里并保护起来，道金斯称之为“生存载体”。没了这个载体，复制因子便无法生存，所以它会利用任何能把它从一个时空基点带到另一个时空基点的载体。有时它选择的载体是有机物，有时则是一些集成电路或系统性思想。对复制因子来说，思想或生物都是复制需要的载体，只关乎其实用性和有效性，并不会引发道德问题；只要每个载体都是同样有效地传播，一条流水线的健全和一个蜂窝的完好无损就是一回事，一种宗教“活着”就如同一个人“活着”。复制因子有且仅有一个责任，那就是复制，无论利用什么材料。

17

复制因子是个机会主义者，对有机物不承担任何义务。

生物算是个相当无力且低效的复制或繁殖工具，它需要消耗大量的可再生能源、以其他载体为食物，使用非常不可靠的传播手段，还对极端气候敏感，必须吃、喝、睡，要慢慢成长才能达到生殖成熟。

相比之下，其他动态和现象的复制就高效很多。例如思想的传播，速度快且能量成本相对较低，不受气象条件或食物、水、住所等物质需求的影响。

但是，思想、宗教、理论或一般意义上的文化都不可能单独出现，这些动态复制要想不被消融在原始中，必须依靠生命。例如，如果没有大脑或语言的存在，思想就无法传播；如果没有一群虔诚的信徒，一个宗教也无法盛行起来；如果不是一个生物把鸟鸣指给另一个生物，鸟鸣就无法实现它在时间和空间上的流转和传播。文化和有机生命早已深深地纠缠在一起了。[9]

文化的存在需要依赖复杂的有机生命，但是这种资源的利用不是单方面的，有机宿主也能从这种利用关系中获益，因为文化可以使宿主不必受制于生物学缓慢且时常痛苦的发展过程而实现巨大的进化飞跃。比如，疫苗就可以不必经历环境中艰苦的生物过滤，从而加快了人类免疫系统的形成。直到现在，有机体和文化复制因子之间还保持着这种共同进化的平衡，但是最近出现的媒体环境却彻底打破了这种本不牢固的平衡。

媒体环境，更具体点，就是互联网和电信网，还包括诸如出版、音乐或电影等产业，赋予了文化复制因子摆脱对有机生命依赖的能力。例如，复制因子在网络空间就可以独立于有机生命进行复制和传播。此外，从进化的角度来看，媒体环境比有机环境更高效、快速和稳固。媒体环境越发达，自主性就越强，生物环境也就趋于衰败，因为它们无法再像从前那样吸引更多的复制因子了。人类的灭绝，或者说至少我们的生活方式将经历深刻变化，不会源于一颗误打误撞的恒星坠落地球。我们灭绝仅仅只是因为我们拥有了电视屏幕、宗教、网站、著作、收音机等东西。面对媒体环境的复制效率，我们已无力与其抗争。

18

生物圈已如此变化，不难猜想今天的物种和环境最终也就必遭摧毁。文化（卫星传输、材料、信号、光线、噪声、化学物质的排放等）充斥着我们的环境，已达到饱和，而且每个文化现象都会直接影响有机体赖以生存的生物资源。造成全球变暖、大灭绝、基因突变、土壤污染、沙漠化等严重后果的不是我们的贪婪和残忍，而是我们疯狂与无节制的文化；文化对生物环境的消融也不是因为文化的本质消极或怀有恶意，而是因为它赋予了复制因子绕过有机物质和生物通道的能力。媒体环境作为自主架构越是发展和扩散开来，有机环境也就越不被需要。最终，随着电信网络在全球范围内的普及，生物环境将逐渐消失，这不是什么上天的惩罚，而只是因为生物环境对复制因子来说已经没有任何意义了。

当然会有人反对以上观点，他们的主要论据就是生命不可侵犯，所以我需要澄清一点：我并不想否认生命是个伟大而卓越的奇迹，相反，进化有可能会遵循很不一样的路径，这些路径会导致我们不熟悉的生命形式的样子，所以我们正在努力探索这些陌生的路径。生命会继续，但不会再像今天这样有机；生命现象也会继续，但与有机物质的关联会越来越少。这是否意味着有机体终将会消失呢？以它们目前的形式存在这样的可能，或者说至少有机体肯定会从生物圈的中心移至外围。

19

其实，生命不一定是有机的。没有任何人的、神的或环境的生存原理是生命必须遵循生物体系。化合物不是唯一的生命材料。生命是一种现象，一种动态，从而可以脱离物质，像人工生命科学家认为的那样；生命是一种互动、引擎与能源；它只需要对自己最有用的形式和材料。

世界著名生物学家弗朗索瓦·雅各布提出，生物是按照他所谓的“生物现实”来理解世界的。但生物现实已经不再适用于我们了。如今，我们的世界已被文化过滤、翻译和改造。科学技术、新闻媒体等都是新的非生物现实的基本材料，如果不借助文化，我们已经无法定义、理解或表现自己了。很快，除了文化，生物现实将不复存在。我们的生活、呼吸、存在和死亡，统统都要通过文化。

环顾四周，你会亲眼看到无数生物体已经被文化塑形、改造，甚至发生变异：被辐射过的水果、畸形的狗、无头的蝌蚪、转基因猪、器官移植受体、克隆人和七胞胎……我们每天都会接触到试管婴儿、沙利多胺镇静剂的受害者、使用植入硅胶的巨星和处方药瘾君子。

我们已经成了文化主体。

文化的欲望

到底有没有超越不同时代和不同文化的美的标准呢？

根据这一领域的最新研究，身体的吸引力主要靠三个特征：免疫力、健康和生育力。五官匀称是免疫系统强壮的标志；健美的肌肤、柔顺的头发、洁白的牙齿都是健康的标志；更丰满的乳房和能分泌更多的性激素（尤其是雌性激素）则是生育能力强的明显标志。但雌性激素会降低免疫力，所以，生殖能力和免疫系统强的身体还要求

20 对称。臀部和腰部的比例同样如此，因为身体的这两个部位也是由性激素决定的。事实上，人们通常认为的最佳比例是0.7，即腰围为臀围的70%，反映了荷尔蒙最高效的平衡分泌。[10]

身体的“最高效”与别人对它的欲望之间形成的这层关系是一个很好的生物现实的例证，身体和物种就是在这样的现实背景下被构建出来的，我们在特定时刻对生物学意义上的自己颇具性魅力。美的标准是由有机体的需求掌控的。

但是随着新的非有机环境的出现，文化掌握了有关性的各个线索，并开始随心所欲地改变它，其实就是通过各种手段：隆胸、激素类药物、外科手术、抗生素等，人的美正在变得不再以生物学为基础了。现在，一个人肌肉发达也不一定就说明他很健康和强壮，身体完美无瑕的人很可能健康状况不佳。生物学标志不再能表明一个人的健康状况或免疫系统的质量了。

那么，我们为什么对好莱坞明星和超模特别青睐呢，无论男性还是女性？毫无疑问，本能的生物学线索依然有效，但我们必须做另一种猜想。

在各种技术的帮助下，任何身体上的缺陷都可能被轻易掩盖，所以我们已不再找寻免疫系统发达的健康身体，但即便如此，最容易生存下来的和能让复制因子更好传播的“健壮”身体，对我们大多数人仍然具有强大的吸引力。我们追求伴侣时不再关注他（她）能多高效地传播有机的复制因子（基因），而是把注意力放在他（她）能多好地传播文化的复制因子。我们是要在文化环境中找到文化意义上的“沃土”。

我们的环境如此迅速地变化着。在日新月异的环境里，文化符号成为一种矢量，支配着什么叫作向“强大”发展，也就是什么才是高效传播。现在进化过程中最“高效”的是那些能主宰文化领域而不是生物领域的身体。我们被好莱坞明星吸引，不仅仅是因为他们在生物意义上的美，即有机的高效，还因为他们在文化意义上的强大生产力。如今我们追求的已经是被文化雕琢过的身体了。无论男女，只要好莱坞明星做过整容手术，他就成了一个文化意义上的存在，也就把我们迷得神魂颠倒。在生物学意义被文化边缘化的环境中，富有魅力的基本原则已经变为亲和力、适应力和文化影响力。

21

举个例子，帕梅拉·安德森不再是一个人的概念，她成了成千上万男人意识形态里共同的病毒，这不是指身体意义上的，因为毕竟她的身体并不在场，而是指电视媒体的、文化的和符号意义上的。这位女演员吸引大多数男人的地方不仅是她的身体（因为免疫力和生育能力方面的线索很容易被操控），而且与生物意义相比，更因为她是文化意义上的存在。从本质上讲，帕梅拉·安德森是网络图像、杂志图像，是符号与欲望交织而成的网络系统。她在有机世界中既不在场，甚至也不存在。总之，她的本体存在是文化的。现实生活中帕梅拉·安德森本人远不如她的文化替身"真实"。

我们珍视和渴望的明星正是他们自己活生生的复制品。《花花公子》和《海滩护卫队》中的帕梅拉·安德森是由意识形态而不是由有机的复制因子构成的，让我们着迷的帕梅拉·安德森独立于现实生活而存在，她不是有机的，而是文化的，数百个专门为她建立的互联网网站证明了她在媒体宇宙中非凡的复制能力。

诚然，帕梅拉·安德森已经代表了一定的生物美标准，但那也只是通过互联网、电影、电视和杂志呈现出来的。她在文化意义上的高效（无论是她的形象还是她在电子媒体里的存在，都被广泛传播）才是她吸引我们的地方，她是时下媒体中极其高效的文化复制工具。

美已不再与生物学相关联，生物学在文化之外没有任何价值。美是文化意义上的高效能。

这也就是诸如人体穿孔、健美、午后脱口秀和其他一些古怪，甚至有时略带偏执的行为所象征的那些意义：各种现象都说明那些人有一种于文化环境中在场和占据主导地位的需求。使用类固醇增肌的健美运动员绝对不是一个健康的人，但他在文化环境中的主导地位使他成为了人们心目中的理想个体，明星和健美运动员就是在向世人证明，他们的文化复制因子传播是很高效的。生理健康以及优良而高效的生育能力不再是我们追求的对象，我们渴望的是在文化环境中占据主导地位。

22

生活理念

人类的独特之处大多可以用一个词来概括："文化"。

——理查德·道金斯，《自私的基因》

数百年来，人类在这个星球上留下了自己的印记，树立了一座座看得见的和看不见的不朽丰碑。文化和艺术算得上是与基因遗传一样强大的遗产：同基因遗传一样，文化的影响跨越了不同时代，将个人与更大的社群和历史融为一体，它直接操控了个人和集体，是人类进化，甚至是人类生物学和生理学的核心成分。我们该如何解读这个世界？又如何形成并遵循这个世界的秩序？这些问题背后的现象直接影响了人类的进化。

哥本哈根大学分子生物学教授耶斯佩尔·奥夫梅耶认为有两种遗传：第一种是垂直遗传（或基因遗传），主要在时间维度传播；第二种是水平遗传（或化学遗传，比如蛋白质之间的信息交流），这种遗传主要存在于空间维度。根据奥夫梅耶的观点，这两种遗传都是基于符号的一种交换。所以，在本质上，遗传是一种符号。

其实，存在第三种类型的遗传，那就是文化继承。与上面两种遗传一样，文化继承也是一种符号交互，它在时间和空间上同时蔓延，既属于个人，也属于集体。它和基因遗传一样，都体现了个人、文化环境和人类社会之间错综复杂的纠缠关系，并且，文化继承促成了三方的相互渗透。文化继承使个人与其环境完美结合，它是文化的产物，在本质上都与文化密不可分。个人通过文化将自己的基因和本体扩散到环境中，环境成了人类“存在性”的延伸。[11]

所以，我们不能再把人工制品仅仅看成是实物，也不宜把它们当作身体的简单延伸。铺天盖地的手工制品正在宣告全新动力的崛起，“物”仰仗着新动力与生命共同进化，它们与生物交媾，诞下细菌、金属、血液、信息、符号和机器组成的各种奇怪实体，既算不上是赛博格，也不是动物，更不是昆虫，而是一种由基因遗传和各类符号构成的全新生命形态。

这种全新意义的生命体不仅源于其双亲的基因，更是成形于他的文化表象，因此他不是一个单一、自主的个体，而只是全部系列现象所产生的宏大符号动力的冰山一角，这股由基因和模因共同铸造出的实体之流，在器官、文化、欲望和符号的海洋中奔涌不息。

那么，究竟什么是“模因”呢？模因是一种像病毒般运行的意识形态、文化或政治信息链，它首先是个复制因子，有如基因或病毒，从一个“身体”传播到另一个“身体”。[12]

这很有趣，因为模因迫使我们不得不重新定义什么叫作生命。比如，我们可否假设思想像基因那样组装了很多有生命的工具？像意识形态、宗教和理念那样的智能结构体系是有生命的吗？会消耗人类生态系统资源吗？是否又会回报人类？对于整个生物圈的福祉而言，它们真的是不可或缺的吗？

如果模因和基因一样，主要是信息和复制，那么它们的存在就意味着既要在不断变化的环境构建中发挥积极作用，又必须承受与之相关的所有干扰与挑战。同样受到物竞天择的进化法则制约，模因就必须像基因一样，经受多变环境的考验，适应作为捕食者和被捕食者身份的行为变化。

24

同理，思想会跟基因一样，往往也趋于与环境共生，或者说和环境融为一体。就好像鸟巢之于环境：鸟巢惊扰了环境，它要想生存下来，环境、鸟巢和鸟儿就必须相融共存，在特定环境下，思想若要生存下来也必须如此。一旦意识形态做出选择，在并不太可能做出其他改变的情况下，所有参与这一适应过程的因子就会凝聚力量，朝着选择的方向共同努力。与基因的做法相同，模因会改变其周围环境以增加生存机率。

但是，思想是如何承受环境压力的呢？正如道金斯所阐述的那样，充满诱惑力是模因的主要生存手段：

> 我们研究一下上帝吧。不知道这个概念怎么就从模因库里产生出来了，可能它经历了很多次独立

"突变"，怎么说这个概念都非常古老。那么，它是如何自我复制的呢？是通过口头和书面的形式，并辅以伟大的音乐和艺术。它又为什么有这么高的生存价值呢？……上帝模因在模因库里的生存价值源于其巨大的心理魅力。它为有关生存这样深奥而又令人苦恼的问题提供了一个貌似很有道理的答案，暗示说，今世的不公平可能等到来世就可以获得纠正。上帝给了我们"永恒的臂膀"，让我们在面对自己的种种不足时有了一个缓冲，就像医生的安慰剂，因为精神也具有作用。

对于基因和模因来说，充满诱惑力就相当于拥有了高效的繁殖能力，如果一个基因能让宿主活得更久，那么这个基因就很有可能被更多地传播。模因同理，想要生存，它就必须证明自己比其他模因更能保证宿主的存活。这样一来，模因的生存就与其宿主的生存紧密联系在了一起。宿主活得时间越长，它对周围环境的影响就越大，模因也就成了一种动力，影响、改变并构建了生物及其环境。

不过到底模因因何存在？在回答这个问题之前，我们先来探讨以下问题：模因也在动物和植物世界中运行吗？

25

还是我们人类独有？这一切都取决于我们如何定义模因。模因之所以会出现在人类的当下，完全是一种文化历史的结果。如同生物的形式和功能与自己的进化发展密不可分，模因也是如此，它不会突然出现，其形式、复杂性以及它摆脱周遭环境的无序而生存下来的能力，都是漫长的意识形态和符号进化的产物。模因就是一部文化进化史。

所以，模因和生物一样，是无数功能、秩序和系统的总和。假如真的如此，那么模因的核心是什么呢？真实的模因也和生物一样，是一种复杂的、经过进化了的架构组合吗？如果答案是肯定的，那么能否找到存活下来的、极有可能是所有生物共同的“原始”模因？为了回答这些问题，我们必须略谈一下“表征”这一词汇。

生物体总是在努力污染（化学、视觉或声音）周围环境，这也表明生物体“明白”自己既是环境的一个有机组成部分，同时也是环境的一个独立部分（它是环境的一部分，但又有别于环境）。

那么可以说，表征就是一种痕迹，是一个生物为了改变和控制周遭而从环境中独立出来所留下的痕迹。拉斯科洞窟壁画就是这样的表征，还有蜂巢、风中飘浮的花粉、满月下的狼嚎……这些都是，但是表征与生物之间的具体关系是十分奥妙的。

安东尼奥·达马西奥在他的《笛卡儿的错误》一书中指出，动物的智慧产生于动物身体与周围环境之间的不断互动。那么，按照达马西奥的观点，我们可以认为，人类之所以拥有心智能力是因为我们的免疫系统和神经系统在不断监测和管理着我们的身体状况，两个系统“读取”了身体状况数据，并对这些数据做出反应，比如当人体血糖水平下降时，我们的神经系统就会监测到这一情况并采取反制。但想要做到这一点，两个系统必须把自己和身体“割裂”开来，从而在各种作用与反作用的活动中以外化形式构成身体表征。这意味着神经系统和免疫系统工作是没有目标方向的，整个过程更不应该指向身与心的二元性。对达马西奥来说，每一种心智活动都应脱离实体：

26

> 如果大脑进化的初衷就是为了确保身体得以生存，那么，当大脑具备心智能力之时，它们就会从管理身体开始。而为了尽可能保证身体高效生存下来，我认为自然界偶然发现了一个很有效的解决方法：就外部环境引起的身体内部变化来表现外部环境，也就是每当有机体与环境发生相互作用时，有机体就会通

过修改身体的原始表征来表现环境。

神经系统和免疫系统总是会比较身体的实际状态和理想情况下的最佳状态，于是这种身体与环境之间的相互作用便产生了表征。无一例外，生物为了生存，即应对环境压力，必须操控自身表征，那么，这是否意味着所有生物都已经意识到这一点了呢？显然没有，因为它们呈现出程度不同的表征。

生物，包括人类、动物和植物，都能操控表征，但程度不同。植物控制的是一些主要表征，使自己有能力与环境互动；动物可以利用初级表征以及二级表征，使自己不仅可以抵抗恶劣的外部环境，而且可以进一步了解它并最终加以利用，比如动物会标记和“研读”交配领域。但人类能够操控至少三个级别的表征。神经学家丹尼尔·丹内特在他的《心智种种》中指出，这是人类语言所致。语言使得我们可以把“对象”从环境中独立出来进行观察，所以只有人类才能表征，并提出诸如什么是概念的问题。

要想让表征（初级、二级或三级）发挥作用，生物就必须能够因不同环境做出相应的反应。这并不是说花儿有自我意识，花儿并不能意识到自己的存在，但当它对一些外部刺激做出反应的时候，例如花儿会向阳转动，它就把自己从环境中独立出来，也就表现了自己的生物完整性。

现在让我们暂时回到最开始的问题上来：什么是模因？模因与表征有何不同？表征帮助生物从原始混沌中生存了下来，也因此被认为是生命进化的基础。表征帮助复制因子建立了有效而复杂的生存工具，[13] 从无序中创造秩序，作为环境压力的时间缓冲器，表征还成功地使复制因子缓解了往往潜伏其中的那一部分致命的环境压力。

27

如果像我们前面所说的那样，表征是使自身脱离环境的能力，这种分离留下的痕迹就是一座文化的灯塔，它发出信号，告诉别人自己的存在。从环境中分离出来必然产生表征，这些表征，包括视觉的、嗅觉的、听觉的、化学的等，又会让其他生物反过来定义自己的存在。就这样，每个生物的存在不仅取决于它从环境中分离出来的能力，也取决于其他生物的分离能力，表征和生物紧密相连、彼此纠缠、共同进化。

那么，表征和模因有何不同呢？模因是表征的集合，是表征的层次或者说若干表征层的累积。只有二级表征才能产生模因。从这一意义来看，模因不是用来管理身体和赋予身体自我认知的，而是用来“续命”的，它可以让身体继续存在于生态系统之中。

生命的复杂性就是模因的动力。毫无疑问，生命产生于一系列的化学反应，恐怕没有人会质疑这一点，但即便如此，生命的复杂性还是需要大范围地表现表征特质。从简单元素到复杂生物，只有当原始元素对环境有越来越复杂的反应（这可能意味着“创造”出身体、皮肤、眼睛、器官，道德良知等）时，才可能出现质的飞跃。这样说来，我们可能只是一些创造复杂表征的原始要素，我们也可以把自己当作生存需要的模因，而不是什么生存载体，或者当作生存下去的一种理念或意识。我们要再次强调，这并不意味着身与心的二元对立。没有精神被囚于身，而是说，身体是意识的持续扩张，别无他物。原始要素创造了本真的意识，本真的意识中又发展出了身体。生物的身体只能是越来越复杂的表征集合。我们不仅是生物的构造体，更是良知和思维模式的典范。

28

网络空间的良知

从某种意义上讲，地球正在启动针对人类的免疫

> 反应，用来抵御人类这种寄生物种。人类像感染般地四处泛滥，混凝土的死角遍布全球，癌变腐烂的欧洲、日本、美国挤满不断复制的灵长类动物，人类的殖民地还在扩大和蔓延，预兆着生物圈的大灭绝。也许生物圈并不喜欢承载50亿人类。……大自然拥有自己有趣的平衡方式。雨林也有自己的防御系统。总之，地球的免疫系统已经认识到了人类的存在，并开始发挥作用。它正试图清除掉人类这种寄生物种的感染，也许艾滋病是自然清除过程中的第一步。
>
> ——理查德·普雷斯顿，《血疫》

网络空间有生命吗？是否充满鲜活的模因、运算和智能？网络空间是崭新生物中的一种崭新生命形式吗？

和生物一样，网络空间要进行各个方面的自我调节、控制和重组，这样才不至于陷入无形、无序中。网络空间和生物于外在形态上都是有限的，内在却展现出无限的细微与复杂。网络空间是一个殖民系统，充斥着无数的动力与现象，既不真实也不虚幻，既非物质的也非虚拟的，既非有机的也非无机的；网络空间是他者，在他处，与众不同，属于一种元系统，且既是组织又是有机体。所以我要再次强调，生命一定是分无数层次的，既是现实的动态引擎系统，又是电子的架构、网络和个体，既是宿主也是寄生生物，呈现出一系列的梯度。

29

网络空间有意识吗？意识是如何进化的？面对这些问题，让我们再回顾一下安东尼奥·达马西奥的观点：意识产生于有机生物体的免疫系统和环境所造成压力之间的相互作用。一个实体在免疫系统和环境的摩擦互动中具备了意识。

网络空间的全球化以及电脑局部的完整性每天都会有无数问题发作——“病毒和细菌感染”（计算机病毒、黑客攻击）、“中毒”（网络超载）、“癌变”（一些用户的破坏行为）等——也会有一系列的保护机制（邮件过滤、年龄验证软件、加密、网络规范、防火墙、密码口令等）来抵御这些问题。网络空间越发达，问题就越复杂，也就越需要更多的保护机制；保护机制越多，机制间的相互作用就越密集，进而越协调。据此，人们就会觉得这些复杂的相互作用和原始免疫系统的运作是差不多的。

反病毒软件必须知道它所保护的网络或机器运转的“完美”状态，过滤软件也必须在决定是否拦截一些邮件之前知道电子邮件的“完美”形式。整个网络空间中，无数系统和子系统都在对付未知的入侵者，誓死保卫它们各自的领域，确认它们是什么、应该是什么，以及无论如何都不应该成为什么的表征。这些系统共同产生了一种网络空间的良知，每当有机体进行自我防御以避免环境侵害的时候，它的完整性、特殊性和表征就会得到强化，这种免疫系统成为良知生长的土壤。[14]

网络空间是否有良知和智慧？答案是肯定的。它能像人类一样具体感知自我吗？答案是否定的。网络空间的意识是一个原始化、素描型的自我，丹尼尔·丹内特会将其归为“初级”思维。网络空间的意识就像蜂巢一样，它可以意识到自我的复杂性、完整性以及总体目标，但不会像哺乳动物那样意识到全部的自我。网络空间的意识也像蜂巢意识一样由无数个互动系统组成，零散而具有多重层级。那么，到底能不能就此认定网络空间是有生命的呢？准确来说，网络空间是一个生命的初级框架。

有些人反对这种思路，认为网络空间只是一个电子通信网络，可以轻易把它关掉。关于技术现实，我们强调过：技术与自然彼此纠缠，谁也离不开谁。换句话说，就是网络空间已经关不掉了，好比环境之中已经有了病毒的存在，网络空间是生物圈的有机组成部分，它们已经紧密

30

缠绕在整个存在物的结构之中了。没有人能够“拔掉”网络空间的插头，就像所有生物体一样，它也独立于我们的意志而存在。

还有人提出，既然免疫系统是在保卫有机体的外形和结构，那么任何有机体就都具有形态。这种说法当然是有道理的，但也只适用于我们用自己有限的生物学法则去研究环境现象的情形。在机器介入后，我们的视角扩大了，生命领域不仅住着所谓经典的生物体，还住着奇怪的、起伏不定的有机体，比如森林、海洋、蜂巢或蚁穴[15]，这就是网络空间：一个散乱的、四处扩张的、不断变化的有机体，一个和湿地一样的生命有机体。

我们的星球是一个系列交叠、连接和既有生命又有意识的系统。网络空间也是一个这样的系统，像生命体那样为了生存而变异、繁殖、扩散，像生命体那样毫无计划可言地生长，对环境压力实时做出毫无准备的反应，最后变得越来越复杂。网络空间与环境不断发生碰撞，在相互作用中产生了最初的意识。

网络空间是一种崭新的生命动力，宛如笼罩在现实星空中的迷雾，感染着各式各样的生命现象，同时也被各式各样的生命现象所感染。所以，网络空间有生命吗？是的，陌生与美丽就是从它有如柔软春泥的大地上冉冉升起的。

技术环境

> 在我看来，技术建造了一所大房子，我们大家都住在里面。房子还在不断扩建和改造，里面的人也越来越多，直到如今，几乎所有的人类活动都是在这所房子里进行的。大家深受这所房子的设计、空间划分以及门和墙所处的位置的影响，与早年住到里面的人相比，我们已经很少有机会能住到房子外面去了。房子还在变迁：建造着，拆除着。
>
> ——厄休拉·富兰克林，《技术的真相》

31

我们生活在一个怎样的技术房屋里了呢？墙壁是什么颜色的？空间有多大？透过它的窗户我们看见了什么？

“房屋”这个词会让人联想到什么呢？房屋，一个封闭的空间，住着一群相互依存的成员，它的时空维度是线性的，在地理和历史范畴内占据着特定的位置；房屋，一个戏剧舞台，无穷尽地变化和重新布景，常年上演着不同演员的生活和剧本；房屋，一个文化载体，被设定在了人类文化的界域里。

技术真的可以建造“房屋”吗？它给我们建造了吗？从物质意义上来讲，是的，我居住的房子是技术现象的产物：我使用的家具、开的汽车、读的书、去的地方以及我参与的文化活动，从这个意义上讲，我住的房屋毫无疑问就是技术建造的。

但是这个分析并不全面，因为它只通过有形的实体现象考察了人类的经历。技术及其必然产物肯定会形成这样一个我们住的地方，而且我们往往还会以此来定义自己，但这个地方并不是一处房屋，它不是封闭空间，也算不上什么文明留下的地质遗迹。

它既不是“地球村”，尽管这个概念更适合此次讨论，甚至都不是“全球城市”（兹比格涅夫·布热津斯基[16]创造的一个术语)，毕竟这两个概念都不能真正表述出技术对人类生态系统的全面影响。技术并没有明确规定自然和人工的界限，因为技术不是环境中独立存在的实体，人工制品也不是。技术本身就是环境，它与环境共生共存；技术是一种动力，可以从无序中产生秩序；技术还是现象的源泉。

技术不单是房屋、村庄、城市或寄生生物，它反而在有序与无序、虚无与实在之间架起了一座灵活的动态桥梁。它同时会被生物与非生物、智能与非智能铭记。技术不是武器、螺栓或电脑网站，它是能够让机器和科学从思想、生命和自然的无序中被生产出来的动力。

32

因此，把技术当作“物”（或房屋）来看待是不太恰当的。技术从根本上说并不依附于物质世界，而只是与物质世界中的现象互相纠缠。既然技术的本质（技术不是实体计算机本身，而是使这台计算机成为可能的过程）在于一种高效的信息交流，由此也就有能力，实际上也确实产生了思想、概念或材料的一种有序模式。技术与人类世界表征密不可分，技术正是在这些表征中产生的。

技术和表征是产生秩序的动力，全部生态系统都是通过这种动力获得发展的。技术和表征不是只在人类社会中，而是在所有生命动力中存在和发挥作用。技术和表征揭示和建构了各种现象符号，并赋予、感染和传播其意义。

人类的灵魂恰恰因机器而起；人类的灵魂是机器制造的：经过机器的锻造，他想机器之所想，感机器之所感，他们的存在就是机器存在的必要条件，机器的存在也同样是他们存在的必要条件。……就这样，文明与机械携手并进，一个发展了另一个，又被另一个所发展，好比最初有个棍子偶然让球滚动了起来，随着球的滚动，优势显露，于是球就继续滚动。其实，机器就应该被视为这样一种发展模式，它完善了人类机体进步，过去的每项发明都为人体增添了新的本领。

我们不再仅仅是与机器相互纠缠，也不再仅仅是因它们的存在而存在；实际上，我们是与机器共同进化的。我们现在必须把技术和人类看作一个实体：我们是机器，我们体内有机器，机器有呼吸。

33

虚拟的生命

如果我们造了一个鸟的模型，让它在虚拟空间飞来飞去，即使它需要超复杂的编程、由无数个多边形组成，这只鸟充其量也只能是我们非常有限的关于鸟类知识的总和——没有他性，没有未解本质，没有自主生命。令我担心的是，有一天，人类的文化可能会认为，有这种服从我们命令的仿造鸟已经足够了，它甚至可能比真的鸟还要优秀。这样一来，我们等于是在枯竭自己，以未解的神秘本质换得确定的必然，以活生生的生物换得一堆象征符号。

——夏洛特·戴维斯，《自然技巧》

虚拟真的就只是对现实的模仿吗？一个“出生”在虚拟环境中，而且仅在虚拟环境中生存的生命，是否只是现实生物毫无意义的空洞复制？

虚拟的生命（比如夏洛特·戴维斯所描述的鸟）和生命形式的模仿是两回事。虚拟的生命是新生命的表达，由符号、文化和知识共同构造而成。一个虚拟生命也具有神秘本质，即人和机器共同进化的本质，也是重新定义身体、有机物和进化的本质。虚拟生命有鲜活的感知，凯文·凯利把它归为活系统，因为尽管没有有机物质，虚拟生命依然表现出了生命体的诸多特质。虚拟生命本身所表现的意义以及它所表达的不稳定性，都迫使我们重塑人类的认识论框架，即从生物角度理解世界，这也说明生命可以突破有机的边界，降生在人与机器的奇异结合中，成为人类与其制品共同进化的产物。

因此，虚拟生命是否具有物质性或非物质性并不重要，我们应该把兴趣点放在可以催生新生命的有机和虚拟之间的交流上面，这种新生命由文化和有机物质构成，或者是一种由生物和计算机编码构成的新生命。虚拟生命有创造文化生命的可能性，这从根本上撼动了我们的本体论基础。虚拟生命是一种真实，一种另类真实，一种既为有机又为技术的真实，它是一种非有机的文化动物，一个崭新的进化阶段。

34 全新的生态系统正在出现，它的器官是克隆的、流淌的是二进制的血、跳动着电子的脉搏。生态系统中四处漫游着奇怪的、虚拟的“动物”，它们既不完全是人，也不完全是机器，它们是有生命的，但又是无机的，它们是由运算和细胞结合后生下的碳硅合成物，这奇怪的新物种生活在新数字地球的原野上，繁衍生息。

机器的悲哀

神经心理学家奥利弗·萨克斯在他的《错把妻子当帽子》一书中，讲述了几个男女的故事，由于大脑损伤、畸形和其他脑部疾病，他们用奇怪的方式看待世界。萨克斯描绘了一幅非常动人的画面：这些病人不同寻常、独一无二，这不是因为他们的体征外貌不同于我们，而在于他们所表现的那个世界与众不同。尽管如此，但他们是不折不扣的完整的人，他们所拥有的更多的是一种垂直的而非水平的人际关系，因为他们把自己看作是大多数人。

故事中的男女并不生活在我们这个分类明确的普通世界里，他们每个人所居住的世界都是真实却又极度自我的，其他人无法进入（一个病人突然开始不信任自己的嗅觉了，另一个病人不断听到自己脑海中播放童年歌曲，第三个病人六十年后发现自己的双手可用，等等）。这些人的大脑因疾病或事故而受到不同程度的损害，但他们依然生活在我们的世界里，只是我们的世界对他们而言太过陌生，他们只得退缩一隅，但这并不代表他们被囚禁在了自我的世界里，与他们相比，我们倒更像是自己世界的囚徒。这些人与我们分享着他们的身体、知识和灵魂，却无法分享世界本身，他们是我们世界的陌生人，是患有晚期思乡病的认知移民。

萨克斯的这本书阐明了世界的存在需立足其表征之上。这并不是说我们的这个物理世界是不存在的；它当然存在（酷刑的受害者就是酷刑物质性的明证），但这种存在只是大脑定义的一种特征符号，由于我们的大脑差不多都一样，所以我们能够确定那些被普遍认同的世界表征。但是，大脑也可以让这些表征偏离常态，直至偏离到它所产生的现象学与大多数人的现象学格格不入，这样也就带给了我们的世界不一样的味道、结构和颜色。一个不同的、生病的、不完整的大脑，产生了无法与其他大脑共享的世界表征，这就是萨克斯病人的遭遇。

技术和人类如此纠缠，这倒使得多重和“个性”的世界表征变得尤为有趣。技术让现象学都变了模样，我相信这一点无可否认，它让人们接触到了不同的、多重的和未知的现实层面，而且这种接触足以改变我们世界的编码。当然，这也不是什么最新的现象，因为技术和生物一样古老，但它也确实有新的地方，那就是技术的扩散及其对特定和具体需求的适应性。新技术与我们越来越贴近，它们适应我们，就像我们适应它们一样。目前的技术已经能够做到让我们每个人都可以选择如何生死以及如何祈祷，甚至如何生育和创造生命；新的技术也使我们每个人都可以建立起一个与我们特定认知和理解相呼应的世界。我们正在变成奥利弗·萨克斯病人；我们探索的世界只是我们自己的世界，它的独特味道、颜色和现实也只是对于我们自己来说是独特的。从某种程度上讲，萨克斯病人是文化存在的原型。

我们正在从一个按照人类的绝对性，即共享的绝对性使人类自己呈现多样化的世界，最终走向一个绝对性本身呈现多样化的世界。就像萨克斯病人一样，我们彼此在生理上非常相似，却因各自的世界（技术催生的各自独特的世界）越来越不相似而彼此分离。我们见证的不是伟大的意识形态故事的终结，而是它们的无尽扩散，而且已经到了连以前似乎永远都不可撼动的表征都在变异与繁殖的地步，比如时间、空间、生命和死亡等。就像那些头部有损伤的患者一样，我们正在按照不是也不可能是通用的“语言”理解空间、感知时间、经历生命和思考死亡。因为技术，世界已经变成了各种专属的个人领域。

斯坦纳说：“时代思想中的激进精神之一已将这个阴郁年代的任务定义为‘重新学习做人’。”大脑不仅阅读周围的世界并在其中留下自己的痕迹，还赋予它源于记忆的意义。记忆是延伸的情感，使我们能够在不同层次的时代中存在。世界并不是大脑创造的，因为世界早已存在，但是由大脑创造的那个世界，其意义和丰富性则是由被记忆润色过的世界表征所生产出来的。

36

“一个人没有回忆，怎么会有记忆呢？”米歇尔·塞侯向正在电脑前工作的女秘书问道（克洛德·索泰执导的电影《真爱未了情》里的情节）。这个异想天开的思考隐藏了一个重要的现象：在我们把自己的回忆而不是记忆的能力托付给一些机器的时候，我们实际上是混淆了记忆和回忆。而一旦赋予我们意识和存在感的回忆仅被储存于数据库里，后果会怎样？又将如何改变我们？苏珊·桑塔格在研究过度使用表征的影响时（比如一个事件的照片变得比这个事件本身更重要）提出，这种代理式生活深刻改变了我们对世界的体验。

今天，我们的回忆几乎都不是我们自己“破译”的，而差不多全是些机器记录的事件。这将会怎样影响我们去建构世界和个人的心智呢？我们又将会怎样被多重世界和被让渡的回忆重塑呢？难道这就是技术文化理论家们所关注的一切？当我们在研究生物与文化相互纠缠时，是否就是在见证我们的现象学被转嫁到了技术上面？

当我们把更多的回忆倾注到文化和技术中去，我们会变成什么样子？到了连我们最私密的回忆都与设备相关的时候，我们将如何认识这个世界？

很明显，我们早就分享了仅由机器记录、诠释和存档的大量回忆，记忆库触手可及，库中的记忆是那些用来建构我们对世界历史理解的事情，但也不无征兆地会建构我们自己个人的历史。肯尼迪遇刺的画面，事件对全球以及个人都有着深刻的意义，这也是机器记录事件的一个很好的例子，此类现象不一而足，比如尼尔·阿姆斯特朗和马丁·路德·金的录音和影像。这些回忆都是作为个体的男人和女人的记忆，具有普遍性，而且已经被永久地固化在了那些记录之中，不会遭到时间、历史和人类遗忘的“损坏”。时至今日，它们已经属于人类的集体记忆了，像是某种超级市场，所有人都可以享受里面的回忆。苏珊·桑塔格说，变成记忆的是对事件的记录，而计算机意义上的记忆又成了回忆。于是我们的个体回忆变得越来越少，而且大部分就是和更多的男人和女人去分享。但回忆本是人类宇宙的色彩和材料，试想我们周围世界的表征越来越多，可是我们从这些表征中汲取的文化源泉却越来越弱，将会是一幅怎样的前景？

37

回忆及其依附的情感不仅能揭示我们的本质，它们还是一种通用语言。奥利弗·萨克斯那本《错把妻子当帽子》里最有趣的内容之一就是萨克斯病人对艺术所表达的情愫极度敏感，无论是诗歌、音乐、戏剧、歌曲还是舞蹈，当接触到艺术作品时，他们所有人都像是换了一个人似的，甚至毫不夸张地说，都重生了；突然之间，每个人都摆脱了自己的多重障碍，似乎已经一心投入了不同的、所有人都能进入的普遍领域，每个人都在艺术中重新找到了意义和方向，艺术体验的过程是慢慢消除障碍、重新融入正常人的社会。艺术情感将他们的自我世界向周围男男女女组成的社群敞开了。

艺术是一股普遍、共性的潮流，它诞生于人们的回忆和情感。

忧郁、悲伤、喜悦、恐怖、愤怒等情感构成了世界语言，每个人，甚至可以说每个哺乳动物都能读懂、理解和分享它。但是情感和艺术归根结底还是各种回忆，有生命的个体记住这些回忆，这就是它们如何能有意识地在时间和空间里存在。秩序和复杂性的基础首先是回忆。没有回忆，一个生命体就无法学习和适应环境的要求；没有回忆，一个生命体就无法评估自己的身体状况，因为这种评估是仰仗过去和现在之间的一种互动，从而也就无法成为一个有意识的个体存在。关于快乐、痛苦、悲伤和喜悦的回忆把全人类都联系在了一起，它就是我们的存在，艺术则是回忆的复制系统。

当我听交响乐的时候，当我读一首诗或看一部电影的时候，我不仅是看见、听到或阅读着具体的文字、图像或声音，我所感知到的还是一种人类普遍的记忆，它将我们彼此相连。记忆是一个矩阵，一种移动的、不稳定的和临时的语言，它在不断更新，但也不断被认知和解码。

38

今天大多数的根本性变化，其精髓就是回忆。我们生活在了一个到处都充斥着人类和机器回忆的世界里，漫天卷地、应接不暇。我们生活在了一个回忆不再是人类所特有的世界里，我们现在所拥有的回忆，是一系列被创造和操纵出来的事件，并保存在我们自身之外。这些赋予我们外形与身份的回忆都是被组装和制造出来的。记录、存储、回想和修改回忆全部是由机器完成的。我们生活在了一个大多不是人去回忆的世界里，如果说今天关于世界有什么记忆的话，那就是机器的记忆。人类存在最私密的部分如今也已属于机器了。没有机器，我就不存在，因为对于我个人而言，没有机器，我就没了回忆。机器创造了我的过去。机器创造了我的忧愁。

人与人之间的关系现在也已经离不开机器和技术了，当代艺术作品就反映了这一点。各个世界都在增殖，在人类最基本的生存路径上，机器找到了自己的位置。当我怀念生活中能够记住的某件事的时候，也只能通过机器对它进行记录和筛选。

我们已经爱上了我们的技术，不只是因为它放大和增强了我们的感官，更因为它们控制了我们的回忆和情感。人类的身份认同已匿迹于机器以及机器制造的回忆中。当下如此盛行那种成为机器的诉求、那种幻梦、那种不是寻找而是重新发现回忆的热望。机器掌控我们的回忆、拥有塑造我们的基本材料、管理人类意义和理念的生成体系。我们渴望我们的人性。

这种渴望是后现代主义的基础之一，后现代主义在它所蕴含的多重性以及对表象、意义和矛盾的无限探索性中寻找着人类的情感。正如弗雷里克·詹姆逊所言，它不仅是一张需要重新绘制的认知地图，还是一张回忆地图，地图上的路径毅然穿过了机器的领地。当技术文化理论家们探讨后人类和后生物学现象时，当他们探讨概念和人工智能时，他们不仅考察了一种半有机体半机器的新生物的出39现，还指向了一种由人类与机器共同回忆所决定的新本体论。

后现代性常被视为人体惊慌、复古未来或倒置的千禧年主义，这些表征都暗示了人们要找到称得上是自己的那些情感和回忆。这种对人类情感和回忆特殊性的需求，在艺术、商业、战争、时尚、历史和贫困中都能找到。机器、技术、制度体系和商业现象中充满了丰富的回忆和情感，人类已经把很多回忆和情感转嫁给了机器，以至于社会学意义必定来自它们之间的相互作用，这也是后现代性所要表明的。就像奥利弗·萨克斯的那些病人一样，我们没有回忆，我们在无数个世界和体验空间中进进出出，只是希望能找到它，但根本就没有。现在只有在机器制造的领域里，我们才有了那些回忆。

那么，很多当代电影中的主角都爱上了他们的机器，也就没什么可让人吃惊的了，因为他们只有在那些机器里才找到了爱、痛苦和快乐。无论是在《银翼杀手》中，类人机器人陷入了对自己生死以及存在的沉思之中，然而人类几乎就像个机器人，机械地杀戮和毁灭，还是在《机械战警》中，赛博格是影片中唯一的道德存在，甚至在《终结者》中，施瓦辛格扮演的机器人成了小男孩唯一可以拥有的慈父，机器而不是人类，成了人性、感情和道德的崭新艺术印记。[17]

人性正离人类而去，流向了机器。马文·闵斯基和汉斯·莫拉维克认为，今天的机器人是我们心智的孩子。说得更具体点就是，机器人和科技不是智力的孩子，而是情感、表征和记忆的孩子。

第二章

或多或少还活着

40

对一个人、一个蜂巢、一个团体、一个动物、一个国家、一个任何的生物，“我”是不存在的。活系统（vivisystem）中的“我”是一个幽灵，一块临时的裹尸布，就像漩涡里被无数旋转的水原子支撑起的一个转瞬即逝的水立柱。

——凯文·凯利，《失控》

病毒

41

他（夏尔·莫奈）似乎已不再能完全感觉到疼痛了，大脑内堆积的血凝块正切断血液的流动，脑损伤正在抹去他的人格，这就是“人格解体”，生命活力和性格特质看上去已全然消失。他慢慢变成了机器人。大脑里的微小组织正在液化，首先是意识的高级功能瞬间丧失，只剩下脑干的深层区域（原始的老鼠大脑、蜥蜴大脑）还有活力，仍在发挥作用。可以说，夏尔·莫奈的灵魂已死，而他的肉体依然活着。

——理查德·普雷斯顿，《血疫》

理查德·普雷斯顿在他1994年出版的一本畅销书《血疫》中描述了埃博拉病毒暴发后的一系列影响，细节堪称可怕。其中，普雷斯顿还讲述了一群被感染的猴子（专门用作医学研究）是如何几乎感染了弗吉尼亚一整个充满活力的小城郊。但这本书最关键的地方是它引起了人们对一个重要现象的关注（大量的小报乐此不疲地将其与千禧之年启示录联系在一起）：病毒的再次出现。

病毒犹如恶魔一般，长期占据了我们的想象，它们任意杀戮，数量巨大，而且时常伴随着极大的痛苦。病毒是看不见的，它们的传播方式也是多种多样的（空气、体液、叮咬等），还经常发生变异，并且毫无预警。此外，病毒非常灵活，能迅速适应变化着的各类环境。

20世纪后半叶，病毒悄然被其他恶魔（核战争、环境破坏、臭氧层变薄等）的恶行所掩盖，现代医学似乎已最终控制住了病毒。

可是 20 世纪 80 年代，人们却目睹了艾滋病突然而意外的暴发。忽然之间，威胁生命的病毒不仅仅只存在于历史恐怖故事里和不发达的异邦之地。新的病毒不断出现在我们的世界里、社区内，名字听上去既陌生又恐怖，不仅在医学和政治领域，就是在文化领域，它们也占据了中心位置。冷战和核冲突引发的恐惧几乎已经消失，病毒攻占了我们的无意识领地。然而奇怪的是，艺术较从前（比如中世纪艺术在大瘟疫期间所做的那样）却没有再更细致地去思考死亡及其意义了，显然冷战已将全球毁灭的威胁论散布开来。相反，那些有影响力的艺术呈现，如《异形》四部曲、电视剧《X 档案》、音乐录影带、网络艺术作品等，却描绘了人类在无数传染病和感染面前经常会衰变和分解。事实上，西方艺术描绘的生物的逐渐衰败和新的威胁生命的或改变生命的病毒的出现是并存的。

42

对许多批评家和理论家来说，这彰显了后现代文化的主导地位，在一种被描述为表面、仿像和镜渊的文化中，意义是来自自身的，宏大的叙述已变得不可能。更重要的是，对许多学者（尤其是法国学者）来说，这是生活几乎完全非人化的征兆，与历史的联系已被切断，任何新理想似乎也困于自身，一种理解上的黑洞里面，意义、象征和辩护不堪自重，连绵不绝地向内层层爆裂。

很多理论都会提供各种方法去帮助理解和解释这种向内爆裂瓦解和不受任何约束的文化，不但十分精确，而且还很文雅。但是，回过头来看，一些重要的因素却被忽略了。

新的病毒正在出现，但是它们不仅攻击活细胞，还掠夺网络、计算机、文化和媒体等资源。突然间，在这样的环境里，我们的身体、文化和技术都无法抵御这些“入侵者”。生物圈逐渐变得透明，病毒与身体、病毒与文化、病毒与人工制品之间的界限模糊了，然后液化了，最终消失了。

我们的传统生物感应周界和被认定是绝对的现象，到头来不过是堆沙堡，或是本体论上盲目的马其诺防线。自然的和人工的，有生命的和无生命的，男性的和女性的，智能的和非智能的——所有的分类犹如海市蜃楼，都是虚幻的，我们的表征大厦其实就是一座纸牌屋。

那么，我们如何按照历史框架定义自己呢？既然绝对作为寻找意义和结构的方式已然无效，那我们怎能声称去确立这种绝对呢？我们明知前人铺设的道路不会通向任何地方，我们又如何还沿着这条路继续走下去呢？简而言

43

之，当我们自己最基本的知识结构受到质疑时，我们该怎样去理解这个世界？我们如何在不稳定和转瞬即逝的现实基础上得到发展？病毒和后现代性正在使长期以来已经明确的东西更加具体化：生物没有绝对的界限。

因此，当普雷斯顿的《血疫》在1994年面世时，这种新观点就炸开了锅。这本书提供了强有力的例证来说明任何生物都可能失去其完整性，甚至几乎就在顷刻之间，病毒便成了一股势不可当的力量，解构了我们的生态系统。为了构建新型人类，现在必须要考虑到身体和体系的透明性，我们需要定义一个新生态。

但什么是病毒呢？这是一个关键问题，也等于是我们同时从多个不同角度提出了关切生命的问题。病毒属脱氧核糖核酸（DNA）或核糖核酸（RNA）序列，其目标与其他任何的有机体目标相同：繁殖，从这个意义上讲，病毒就是一种复制因子。然而，病毒同时还是一种寄生物，它可以穿透宿主，一旦进入宿主体内，就会溜进细胞，利用细胞的繁殖机制进行繁殖和传播。[1]

虽然病毒最基本的目标与其他所有生物的目标一样，即繁殖和传播，但是它仍被普遍认为是没有生命的。因为如果病毒是个活“物”，它也只能活在宿主体内，在体外病毒是休眠的。事实上，病毒是个完美的寄生物，它是完全依赖宿主机体存在的。因此，病毒描绘了一幅没有任何聚焦的生命图景，迫使我们重新定义我们的生命以及生命的局限性。事实上，病毒向生物生命最基本的支柱之一抛出了疑问：生命和有机体之间的方程式。虽然我们可以怀疑病毒是否拥有生命，但要否认它们的有机性是不可能的。当然，这就引发了如下问题：没有生命的东西是否可以是有机物？如果可以，反之亦然吗？

44

这是两个根本性的问题，因为它们涉及了生命的边界与极限。如果说哺乳动物因其所拥有的有机特性、功能和意图而属于生命体的话，那么为什么计算机系统（如专家系统）、计算机病毒或人工智能软件也都具有上述一些相同的特征，却不被认为是有机物？是否或多或少，它们也算有生命呢？

在试图回答这个问题之前，我们需要考虑病毒是如何繁殖和传播的，这也将有助于我们理解最近病毒的重新出现，以及这种新情况与我们当代技术文化之间的关系。

由于病毒只在宿主体内发挥作用，从一个身体转移到另一个身体是它们唯一的生存途径，所以只有在有机体相互交流的情况下，病毒才会存在，有机体交流越多，病毒传播的概率也就越大。此外，有机体或系统的交流面越广，某一种病毒就会增长得越多，因为它可以突然进入以前无法进入的地理区域，或者因为它具有适应截然不同生物体的能力（例如从啮齿类动物到哺乳类动物体内）。正如普雷斯顿所说：

> 如果这种病毒（HIV）能早几年被发现，它可能就会被命名为金沙萨公路病毒，以纪念它从非洲森林出现后沿着金沙萨公路一路传播开来的事实。金沙萨公路的铺设影响了全世界的每一个人，成为20世纪最重要的历史事件之一。实际上，我目睹了艾滋病出现过程中的这个关键事件，即从泥土小径通向柏油马路的转变。

前文我已说过，用地球村或全球城市等概念来描述我们当代的环境并不准确。凯文·凯利提出了一个更恰当的表述：今天的环境不是一个地球村，而是一个全球蜂巢——这个环境是建立在邻近和杂交（包括物理、智力、技术和文化）的双重概念之上的。当下，物理、地理和信息距离要么大大缩短了（它们处于邻近状态），要么互相纠缠（它们处于杂交状态），所以全球蜂巢很容易会滋45生和繁殖大量病毒（含生物的和信息的）。全球蜂巢的模型相当有用，因为它重新定义了隔离或不隔离生物的区域边界，物理和生物意义上的区域并没有被废止，但它们确实彼此冲突地重叠了。一个蜂巢既是唯一的，又是多重的，既可以是一个，也可以是几个。如果要展开每个腔体的话，它在物理意义上几乎是无限的。蜂巢中生物和物理的距离已发生位移、隐匿、折叠和转化，它是一个被传染了的环境，边界是透明和重叠的，即兴地跳来跳去。

有些著作的作者认为，把病毒和人类社会看成蜜蜂和它们的蜂巢，是一种狭义地看待彼此关系的观念，因为其中一方的任何变化，比如新的社会学、经济、政治或技术因素，都会引起另一方的变化：迅速变异、繁殖新方法、新生物领地的殖民化等。[2]

关于这种密切联系有一些非常有趣的例子，比如埃博拉病毒的前三次暴发除去其他方面，主要就是因为没有正确使用医疗设备，以及各种新型性病的传播往往因为社会动荡而扩增[3]。但这些都只是例子而已。许多由啮齿类动物传播的病毒（如汉坦病毒）是人类活动迫使它们与人类密切接触时才突然出现在新的生态系统中的。

因此，生物病毒的传播源于环境的改变，无论是人为环境还是技术环境。但这都不能回答我最初的问题：病毒是有生命的吗？什么是生命体？如何定义它？活体与非活体之间的界限是否正当合理？能否明确区分两者的界限？

为了回答这些问题，人工生命科学家多因·法默提出了一些标准，按照法默的说法一个生命体必须具备以下条件：

一、空间和时间模式

二、自我繁殖

三、自我表征信息（基因）的存储

四、新陈代谢（使这种模式得以延续）

五、机能的相互作用

六、各部分相互依存，或可死亡的

七、微变异中保持稳定

46

八、进化的能力

在这份清单中，我要再加上一个似乎与上述条件同等重要的生物特征：生命体必须可以控制其表征，因为这是他们保护自身生物完整性的方式。接下来人们会问：第一，病毒是否符合多因·法默所提出的标准？第二，它是否是日趋复杂的表征网的产物？第三，它是否会控制表征？[4]

以上三个问题的答案都是“是的”。根据上述标准，病毒可以被认定为是一种生命体（但这并不意味着这些标准是绝对的或确定的）。由于病毒是生物圈的一个组成部分，所以它有能力根据周围环境的要求和被施加的压力来调整自己的生物状态。当然，病毒属于一种原始有机体，但它一样也是个复杂的有机体，可以智能地与环境进行交互作用（比如适应、变异和利用特定弱点）。

但是，病毒真的可以控制表征吗？病毒是进化所需的必要因子，它不仅是 DNA[5] 的传播者，更是利用表征的复制因子，既然是复制因子，就可以“解读”周围现象，基本复制包含了对宿主自我保护能力的解读、对环境的解读和对敌人（猎物或捕食者）的解读。复制因子依靠表征才得以生存，因为没有表征，病毒连适应周围环境都无从谈起。

病毒会改变它的环境，反过来，环境也会影响病毒的行为，但病毒的环境是交流、互连、符号和化学物质的综合体，简单说就是各种表征构成的环境。当然，病毒要靠感染、性交、叮咬、自愿或非自愿的体液交换等各种方式传播，但这些方式无非就是生物对各类符号的解读与利用，即使昆虫叮咬是对环境解读的结果，但昆虫知道如何吸引或找到隐藏起来的猎物，它会识别哪些对自己有用，哪些没用，也十分确定如何去叮咬和从哪里开始叮咬，等等。病毒仅仅是复制因子还远远不够，它要想传播开来，还需要其他复制因子成为载体，我假设的是，病毒使用的载体很有可能是表征。简而言之，病毒在时间和空间上的繁殖得益于它们对表征符号（其中性活动是最好的，但肯定不是唯一的例子）的解码和利用。

47

除了以上这些动作外，病毒为了繁殖还会利用人类的一些理念，比如一个宗教团体的成员拒绝就医的情况、一个国家走向战争、性滥交被视为一种社会趋势、文化行径使动物和人类更具邻近性、一个社群会吃某种特定的食物、一个公司推销某种产品（例如瓶装母乳）等，所有这些情况，都是病毒在利用表征网这一主要传播途径。

病毒是生物之间交流的载体。它迫使生物发展他们自己身体里平衡或缺乏平衡的表征，同时也迫使他们改变自己。作为认知发展中的重要角色，病毒无疑是表征的操控者。总之，病毒符合上述生命体的标准。

这并不是说病毒就会和我们一样生活和思考，我只是想说生命与非生命之间的界限并不像人们长期以为的那样稳定和明确。“活泼”和“非活泼”之间的区别是滑动的。病毒所谓的生命和我们这样的生命是不一样的，但它也不在生命之外，而是属于生命范畴的外围区域。

事物、生命、现象既会相互污染，也会彼此消解。生命的轨迹已四处扩散开来，深入时间、空间和物质。生命不是一种环境或一类有机生物的专属，而是一系列可检测其含量或浓度的动态系统，这些在我们周围以及我们的内部充满活力的“密度”使我们很难分清孰生孰死。生命宛如一个影子，处在什么是和什么不是、什么会诞生和什么会消亡之间的不稳定边界。

生命可以是非有机的吗？是否有非自然生物这种东西？我们的生物会不会像可见光似的，只是整个光谱中极其有限的一个光圈罢了？可否假设有这么一个完整的生物光谱，有机生命也只是其中一小部分而已？到底是我们的世界充满了无数生物体系，还是这世界上只有一个生物体系，它具有无限的形式和潜能吗？

生命/机器相渗透

48 当代批评界普遍认为生命体和思维体是星球大集体的

一部分，这个以星球为单位的大集体是由生物、人工制品和文化共同构成的，从詹姆斯·洛夫洛克到皮埃尔·莱维、从格雷格·贝尔的科幻小说到威廉·吉布森的科幻小说、从凯文·凯利的蜂巢体系（Swarm Systems）到格里高利·斯托克的“超体”（Metaman），当今科技时代感知到了所有现象（器物、环境、信息、生态等）之间的相互渗透。[6] 从原始元素演进的大集体是超越其组成部分之和的。一些评论家认为这个集体是一种“新”的生物学，它不再完全由基因构成，而且也包含了模因、文化和智能的成分；另一些评论家认为这个集体是非常有机的，本质上它可以做到自我管理和调节；还有一些评论家则认为这是一个明显呈网络化的集体。所有这些理论都表明了后生物学表征的出现，在这种情况下，身体、文化、病毒、模因，还有机器，他们彼此渗透、纠缠和冲突。

认知生态学

在莱维的回忆里，有一件事可以肯定：

> 我们正生活在一个历史关键时期，在这个时期中，旧的表征和知识结构正在逐渐消失，被一些新

的、尚未形成的关乎知识、想象力和社会结构方面的理论所取代。我们现在生活在这样一个难得的时刻，从全新的技术角度去解读宇宙正在为全新的人类风格之崛起提供机遇。

对皮埃尔·莱维来说，人类所拥有的智能只是他称之为认知生态学的一部分，他的认知生态是生物、技术和文化综合起来的整体，莱维并不是要强调这个整体里的生物或技术实体，而是要展现这个整体“简直就是一部庞大的杂交机器，石头、人、墨水、纸张、文字、铁路、规则、特权、电话网络和计算机全部都搅在其中”[7]。

在莱维看来，智能一直都是生命形态、制度、表征、环境等无数次互相作用的结果[8]，它不可能独立于服务它、滋养它、帮助它进化的多重网络[9]。他说：“智能、概念甚至对世界的认知不仅被语言深刻记录了下来，而且还具化在了工具、机器和方法之中。”[10]

因此，人、技术和科技之间的边界必将被“永恒地再定义”[11]，毕竟人只是存在于意义之中[12]，一个人是无法在寻求意义时区分开内部和外部的。对莱维来说，“人类是超控世界（hyperworlds）的活力来源，是奇异连接着的

49

超图像（hypericons）的缔造者。我们同时生活在成百上千个不同的地方，虽然从物理距离上讲是彼此分离的，但还是以一种奇异的方式彼此相连，我们不仅居住在物理意义上这块或那块狭小的领土上，我们还同时居住在一个广袤的未被定义的意义之境”。[13]

人类存在于这种意义符号的网络里，与机械、科技和文化共同进化。莱维甚至更进一步阐述到“宇宙在我们体内思考”：

> 那就是我们与之互动的一切，不管它是否和我们亲近，它不仅是自然与其他生物，而且还包括城市和书籍、屏幕和地图、语言和机器、故事和神灵，总之就是那些生成我们生活环境的一切，和对我们有意义，从而使世界可被理解的一切。我所探讨的宇宙就是这样一个伟大的类人物集体（the great man-thing collective），生命在这个集体中并通过这个集体孕育而成。

关于智能和具有意识的类人物集体的概念并非莱维独创，其他人也提出了与此非常相似的理论。

超体（Metaman）

格里高利·斯托克也就类人物集体概念进行了研究。[14]斯托克从詹姆斯·洛夫洛克尚有争议的理论中获得灵感（洛夫洛克认为地球是一个控制论的有机体），他用“超体”一词来表示莱维所说的那个超人类的集体，斯托克的超体由生命体、技术、人工制品和文化产品构成，“人类及其所创就像地球表面一层薄薄的铜锈，它实际上是一个活的实体，一个‘超级有机体’（superorganism）——也就是由有机体紧密联系，如同一个单一的生命体组成的一个共同群体”。事实上，斯托克把这个超体当成了一个真正的生命体，并赋予他和其他生命体一样的生命特征，他会吃东西、使用能源、适应环境变化、复原，甚至设法繁殖。[15]

对于斯托克、莱维来说（对马文·闵斯基来说也是如此[16]），这个集体对人类的生理、智力和文化特性提出了质疑，因为它很有可能已经融合了有机和非有机现象：

50

人类特性开始发生变化，人类意味着什么的概念也将随之改变。有一天，人类将成为复合体：一部分是生物的，一部分是机械的，一部分是电子的。这种想法可能会让人联想到一些非尘世间的类人机器人形象，不过这种转变也不会像我们想象的那样令人震惊，更换或修改人体的某些部分已经司空见惯，像假牙或是人造膝盖都不会让人觉得自己不再是人类了。

其他人也觉察到了这个集体的迹象，其中包括英国艺术家罗伊·阿斯科特、美国科学家罗杰·马利纳和美国记者凯文·凯利。

身份与网络

对罗伊·阿斯科特来说，一个有意识的电子集体正从今天五花八门的电信网络当中浮现出来，阿斯科特将这一集体定义为“微妙身体”（subtle body）和“总体心智”（mind-at-large）［分别借用了皮埃尔·泰亚尔·德·夏尔丹（中文名是德日进，译者注）和格雷戈里·贝特森创造的术语］。根据阿斯科特的说法（引用彼得·罗素的话），由于计算机和电子网络内的互联数量很快就会达到一个临界结点，因此必然会出现一种元意识：“随着通信网络的增加，我们最终会达到这个结点，即任何时候穿梭网络的数十亿次信息交换都能创造出类似人类大脑的全球大脑的统一条理。”

对于罗杰·马利纳（《莱昂纳多》的执行主编，一本关于艺术和科学的杂志）来说，元有机体（metaorganism）的概念起源于现代技术创造的成倍的意义，也就是“为了回应感官扩展需要”的那个超级有机体（superorganism）的概念。和莱维、斯托克、阿斯科特一样，马利纳指出，其实人们早已认识到了这个智能的类人物网络（man-things network）：“人类加上电脑，再加上环境，可以被视为一个思维系统，而这个思维系统如今在维度上已然是一个星球了。”

凯文·凯利倡导的则是蜂巢模式的智能集体概念。在《失控》一书中，凯利研究了似乎已呈现出各级别自组织水平的技术和信息网络。他同时指出，这种自组织并没有表现出集中性（比如人类所具有的那种集中特质），它们只是在整个社区内倍增和扩散（如蜂巢的情况）。

51

为了阐述他的假设，凯利以一群蜜蜂为例，每只昆虫都不是独立于其他昆虫之外的，而是集体自组织的一部分，就整个自组织而言，“蜂群”本身要对个体成员们的行为和组织架构负责，而不是相反。凯利认为，这种蜂群型集体最有趣的一个例子就是互联网。

网络意味着一种多重性，它是“蜂群”式存在状态——分布式存在状态——自个体在整个网络传播，没有任何一部分可以宣称“我就是这个独自的我”。它的社会性无可逆转和更改，是不折不扣的多重心智或思维，既传达着计算机逻辑，也传达着自然逻辑，因此它传达的是一种超理解力的能力，一种隐藏于网络中的无形之手的秘密——没有权威的控制。

凯利首先分析了自然系统（蜂巢）和有机网络（生态系统），进而分析了更复杂的结构（如基因进化）以及非生物系统（如国家经济），然后他得出结论：我们现在生活在一个充满自我形成和自我管理式的错综复杂的集体世界里，仅仅达到一个最低的复杂程度，这些集体便可存在。凯利把这些集体叫作“活系统”（vivisystems）和“超生命”[17]（hyperlife）。

第一个词适用于那些灵活且拥有高度适应性的集体，它们展现了生物所具有的一些诸如适应性、进化式、复杂性和明显有意识行为的特质。从这点来看，经济就是一个活系统，生态系统、计算机模拟、免疫或进化系统也都属于活系统。至于超生命，凯利也将其描述为一个异常强劲、富有活力、连贯一致而且相互协调的活系统。

我们对世界的理解已不再停留在个体的线性或物质层

面上了，而是一种对能够创造集体生命和凝集了生物、技术和文化的各个系统的理解。所有这些理论都表明，在一个被视为有机现象和无机现象交错的世界里，由边界、限制和障碍构成的“经典”生命体突然消融在它周围的系统和现象中；也幸亏有了这种消融，人类才终于可以对自己及其周遭有一个认知：在人类居住的宇宙中，生物、艺术和人工制品是创造和塑造他们的有机整体的重要部分。

人类和机器相互纠缠的假说往往容易传播，因为它假设了一个世界的模型，在这个模型中，观察者，观察者所用的仪器、方法、技术和被观察对象，都是一体的。格里高利·斯托克的超体、皮埃尔·莱维的认知生态学、凯文·凯利的活系统等都是对现实的全新理解。当用这些新角度审视时，世界变成了“一个以人为中心的事件的正在进行时”。[18] 在这种新的现实模型中，生物、技术和文化不再彼此割裂，人类也最终拥有了一个包容而非排斥的世界。

就像宗教和政治在人类历史演进过程中经常做的那样，技术文化在人类周围建立起了一个世界模型，但与现代性不同，技术文化指向的是一个相互协调的人类统一体，即文化、技术、环境的统一，对于这样的人类统一体，世界及其现象不是在事件之外，而是与之浑然一体。

正如那些理论家指出的那样，人类作为被界定得十分完整而清晰的生物实体，是一种具体而明确的历史建构，综其所述，当今生活以及认知、技术、文化等模式的共同点就是相互渗透。人们已经开始思索如此情形了：没有客观现实、科学方法，也没有关于我们是什么和我们在哪里的一成不变的定义，有的只是许许多多个朝向现实无限层次的开口。那么一旦面对生物病毒和计算机病毒、总体心智、超生命等现象的时候，我们如何能够主张自己的个体性？在像互联网这样的现象出现后，人类如何捍卫其独具智慧和良知的权力？当我们一次又一次地濒临现实边缘，当我们生活的时间维度和采用的类人形式都已非人类化了的时候，我们还如何坚信我们的现实是不可渗透的？

众多理论文本在试图定义当今时代时，经常会从威廉·吉布森《神经漫游者》一书的第一句话中获得灵感："港口上方的天空是电视没有调到任何频道时的颜色。"也许是出于小说极度黑暗的基调，很多作家将其视为生命失去活力的鲜明例证；对于大多数人来说，这句话曾经是，且现在依然是所有有机的和自然的东西的悼词。我倒是觉得应该有另一种解释。

53

生命体、技术、生物学或文化一成不变的和现世时间维度的线性模式不再占主导地位，取而代之的是纠缠、碰撞和可塑性的急速发展，我们已无法“重构”一个历史确定和时空确定的模式了。吉布森曾分析电视并没有唤起一场噩梦，也没就此唤起乌托邦，而是现有世界的最根本架构发生了深刻变化。吉布森宣称，我们无法确定任何根源，在生物、地质和文化上的演化都有着明确目标的柏拉图式的世界观正在受到质疑，世界正在自我消解，也正在生物、文化和技术现象中消解。吉布森的第一句话明显谈及的是一个向内爆裂的世界坠入自己现实的无限级层面。

没有乌托邦或是任何噩梦与这种向内爆裂相关，只有关于“我们是什么”的基本问题上的深刻转变。我们已经认识到，这个我们曾认为是线性的、进化的和有机的世界[19]是通过碰撞和重叠而形成的。人类环境没有正在消失，但技术文化正在颠覆它们。定义这个时代的并不是最初的那一滴墨晕，而是一种深刻的改变和不可预知的状态，没有开端和终点线，也没有边界。技术文化不是什么神殿，它不会像教堂的尖塔似的指向神圣的绝对完美的理念，它的特点是陷入许多不同的空间，那里有病毒、表征、机器和思想。上方的天空不再代表上帝俯视我们，而是向着生物及其现实的不稳定性和无限性运动。

第三章

文化体的崛起

身体变形：威尔斯、卡夫卡、奥威尔

55

总有一天，你会走进一个房间，看到这个长相滑稽的东西，一块肉紧紧扒住赤裸的控制台，你停下脚步，凝神注目，因为你很好奇这块肉会停在哪里，芯片和电路又会从哪里开始，他们就仿佛开始彼此融合，控制台像肉体一样活了，肉体又像控制台一样成了死物，那就是即将成形的我，所有那里的一切都将成为我。

——帕特·卡蒂甘，《合成人》

身体是我们所理解的这个世界的中心，因为只有通过它，我们才能体验和构建这个世界。[1] 身体的形状和内部工作部件决定了我们和我们通常所说的自然界之间的生理与心理关系。更重要的是，身体讲述了动物和环境进化的故事，是存在（being）与生长（living）的界面；表面上，存在与生长是一体的。

在整个20世纪，身体都担当着一个新世界的角色。无论是被占有、被感染、被折磨、被解剖，还是被网络化，一个多世纪以来，身体一直都是无边界之地，持续不断地更新与再生，虽外在之形有限，但对它的诠释却不可穷尽，它是我们想象中的无尽世界。

但是，当身体发生变化时，不管是自然的还是人为的，这些变化就一定会对身体与环境之间的关系造成影响，身体也就不可能再像以前那样存在了。这正是本章所涉文本将要表达的内容。

此外，本章考察的小说主人公所经受的无休止的变异、蜕变和转变显然是在说明生物与其环境之间的一种新兴关系，生物就如同在遗传和非遗传数据之海中流动变化和规避的水流，这是 20 世纪的普遍观点，以下文本均从这一角度出发。其实情况确实如此，本章提到的那些发生了变异的故事主角们不就是后来现身网络聊天室、多用户虚拟空间（MUDs）、斯特拉克（Stelarc）的虐恋情节以及对战俘尸体施以酷刑等场面中的那些人吗？我们最终会明白 20 世纪已是一个身体变形的世纪。

我的分析将从赫伯特·乔治·威尔斯的《莫罗博士的岛》、弗兰兹·卡夫卡的《变形记》和《在流放地》以及乔治·奥威尔的《1984》开始。为什么是这些文本？首先是因为故事本身的特性。每个故事都借助了特定的社会、文化或技术动力，以生物（包括人类或动物）的身体经历了异常变化为特征。

其次是历史原因。根据尼尔·波兹曼的说法，技术文化（他称之为“技术垄断”）始于1911年，那一年弗雷德里克·泰勒出版了他的《科学管理原则》，《变形记》是在1915年出版的，《在流放地》在1919年出版，《莫罗博士的岛》则是在1896年出版的，因此，这三部小说都处在波兹曼称之为技术垄断的历史背景之下。另外，卡夫卡、威尔斯，还有其他文本，包括儒勒·凡尔纳的叙事风格很接近，这标志着现代科幻小说登上了历史舞台，这种文学体裁对当今社会产生的影响毋庸置疑。至于乔治·奥威尔的《1984》是在1949年出版的，相关历史背景依据自然较少，但人们无法否认它对当今文化的深刻影响。事实上，奥威尔通过引入思想控制、双重思想、新语等概念，对今天许多政治、社会和文化信仰都产生了巨大影响。

莫罗博士的身体变形

当代身体是个新世界。

这个身体已不再“正常”，它不再是一个固定且被清楚界定和分类（哺乳动物、爬行类动物、卵生类动物等）的实体。身体已被入侵，如今它就像个连体双胞胎，被捆绑在一个奇怪的畸形复制品（复制它的表征和文化形态）上一般，它作为有机生物的最基本结构底线已被触及。这个双重的文化体就像一本可反复书写的羊皮纸卷（palimpsest，比喻具有多重结构或意义的事物，译者注）——也就是一个文本上又明显叠加了很多别的文本（生物文本当然显而易见，这里叠加的还有文化文本）。当代身体是模因、表征、行为和人工制品的沉淀，但这些沉淀已被非生物现象污染而变得面目全非。

57

吉尔·德勒兹和菲利克斯·伽塔利合写的《千座高原》一书用“生成”（becoming）（更准确地说是生成动物）这个词来定义今天的有机变化，我觉得这个概念非常有用，因为它指向的是生物与文化相磨合时引发的一种非线性的、突变的和“癌性的”身体变形。

“生成”意味着一个自由漂浮的无地域性的身体，它从自己有形的物理身份中剥离出来，成为欲望和强度的流动体（比如战争、游牧部落、精神失常等）。“生成”强调了深刻的非生物性身体的存在，它是符号网络而不是器官网络创造出来的非地域性的身体。

非地域性的身体将自己从自身本体放逐，这个处于不稳定状态的身体犹豫着应该是去否定还是坚持自己的生物性。当代有很多现象（如举重、移植、身体穿孔等）算得上是这种身体的例证，它在透明度与稳固性、文化与生物之间漂浮不定。所有非地域性身体都描绘了我们对当前本体论的困惑，我们正在经历一场自己身体的文化生成，忍受着身体生物意义和意识形态上的各种不稳定与可能性。

但我们到底是什么呢？是物质的身体？器官和边界？又或许变成了流态和透明？到底我们是生物体还是文化体呢？

对德勒兹和伽塔利来说，我们是“无器官的身体”（Bodies without Organs）。无器官的身体就好比鸡蛋：未成形，未实现，液态，浸在柔软和流动的表征之中，身体器官既无处不在，又根本不知所在，它们的唯一本质就是尚未成形的流动和强度；无器官的身体没有进化，没有边界，毫无规约，无法从生物学角度加以定义；无器官的身体是已转变为符号的生命体，符号也已具有生命；无器官的身体就是变形的身体。正如威尔斯所说：

58

> 我可以改变的不仅仅是一只动物的外在形态，生物的生理与化学节律也可以被持续改造。……你开始明白，把细胞组织从动物身体的一个部位移植到另一个部位，或者从一只动物身上移植到另一只动物身上；改变它的化学反应和生长方式；转变它的四肢接连；直至改变它最本质意义上的结构；所有这些都是可以做到的。……我想——我唯一最想做的——其实是找出一个活体变形的极致。

什么是变形身体？变形身体就是与自己的生物体割裂的身体。它是存在的，至少可以部分地存在于生物领域之外，并相对较少地依赖有机生态系统。[2]变形身体就像一个身体宇宙，一个从自身生理、心理和遗传系统内生发出来的身体宇宙。例如，克隆就是一个变形身体，因为它是不属于生物界的存在，是一种从概念和文化领域中被创造出来的具身理念（embodied idea）。它是一个没有边界的身体，从根本上说是文化的不具备生物完整性的生命形式，它是不稳定和可复制的。虽然克隆体是由基因构成的，但它没有“生殖能力”，它的遗传信息已经“长”出并独立于任何的正常生物过程了。“plastic”既有变形也有塑料的意思，从“克隆”这种情形看，确实可以翻译成克隆体是由塑料制成的。

变形身体的概念源于赫伯特·乔治·威尔斯的中篇小说《莫罗博士的岛》[3]。威尔斯在小说中阐述了身体的物质性和本质如何可以从根本上被改变，他其实是想告诉读者，身体没有绝对的完整性，它只不过就是一种可塑、可变的材料。在莫罗博士的岛上，没有什么能够阻挡一个物种变换成另一个物种。实际上对于莫罗来说，动物身体只是实验人或动物变形所需的生物材料，他的变形动物们可以说是活着的莫罗理念，变形动物按照莫罗的意愿不断发生变形。威尔斯在这个引人入胜的故事里说到，这些活体可以被看作是不断变化的在生物意义上独立和可复制的身体形式——用现在的话说，就是克隆体。

但是，正如我们现在强制改造我们的身体一样，莫罗对改造生命体的兴趣不如说是对改变周围世界的一种兴趣，莫罗把受他折磨的动物们当作工具，用以触及世界最基本的结构，但其实莫罗对那些受折磨的动物也只是间接感兴趣，因为他的主要目的不是塑造身体，而是通过这些身体去操控生物学的基本架构。因此威尔斯笔下的角色是在试图将身体从生物学范畴中抽离出来，再赋予它们不同的身份以及经改造的生理和新的生物结构。莫罗固执地追求“活体变形的极致”，并不是想看看生物的生理极限能达到什么程度，而是想检验有机物质是否可以被转变成文化意识形态。

因此，被这位“医生”利用的身体已失重，它们所有的物理和有机结构已被掏空，一切伦理、一切绝对真理和一切历史统统与它们无关。对莫罗来说，身体没有绝对的权利，它们只是短暂的不稳定的集合体，其形式和功能都是在特定时间、特定条件下临时产生的。生命体只有和文化纠缠在一起才存在，它的基本性质只有在被文化改造后并被文化塑造成可被改造之物时才会显现。

所以痛苦、损害甚至酷刑在威尔斯的文本以及很多20世纪的其他作品中不但是必不可少的，而且是威尔斯创作的基本元素和概念性工具。莫罗则把痛苦看成是改造行为的载体，因为只有痛苦才能把身体从动物的“肉体性”中抽离出来，使它痛苦到任何有机、生物或生理方面都因此而欣喜若狂，痛苦也就必然被置于一边，痛苦、煎熬、折磨只是科学的探索方法。

奇异而恐怖的莫罗博士残害、折磨和雕刻着他的生命体们，直到死亡随之而来，这个吸引读者、将折磨和痛苦化为他的创造物的文学角色，是当代文化与生物学纠缠过程中常常令人感到痛苦而恐怖的完美象征。莫罗既是操控基因的科学家，也是假繁衍之名折磨生命的人；他既是整形外科医生，也是集中营医生；他是压抑，是技术，是意识形态。

威尔斯就像卡夫卡一样，在我们的时代来临前夕猜想到20世纪人们最关心的问题是身体，这不仅仅是因为身体形态将面临根本性的挑战，更重要的是因为作为生命的容器的身体特质正在被淡化，其专属性已经扩展到了非有机现象。的确，比起20世纪的世界大战、意识形态冲突或范式变化，人们发现生命体的基本结构才是我们最关注的焦点。20世纪首先是一个关注身体的世纪，是一个有生命的身体（包括人类以及动物）被变形、改造、拆解和被强行浇铸到不同文化模具和非遗传框架中去的世纪。整个20世纪对待有生命的身体就如同莫罗对待他的动物一样，尽管结果可能不总是那么暴力：身体成了很容易被改变的材料，被用来传播文化现象，诸如意识形态、信息和艺术等。更重要的是，在刚刚过去的一百年里，经过变形和扩展的生命体已经成了一个新的领域，身体已经不再是单单一个“我”了，它变成了幸存下来的媒介、载体、

60

一次次被改变的“重写本”、蜂巢、系统，成了离散和淡化“我”的殖民地。像很多生活在19世纪的人一样，莫罗的动物被猎杀的是它们的身体，那些身体已经变得易变、透明和多层次，极度变形以至于从有机形态转变成了无机形态。莫罗的动物们就是集中营囚犯的预兆。

在《莫罗博士的岛》和在《变形记》《1984》中说的一样，那些发生了深度改变的身体看上去就如同是自己的复制品，已与所谓的生物彻底脱了干系，那么必然就出现了这些疑问：一个人的完美复制品或仿制品还可以被归为人类吗？[4] 一个有生命的可以呼吸的模拟物，或者是这个模拟物逐渐拥有了生命和呼吸，那它算是一个人吗？

卡夫卡，变形机器

变形生物居住在一个专属的、私人的、与我们的有机世界没有联系的世界里。为了活着，变形生物必须制造自己的宇宙，因为那是他们唯一可以存在的地方。

这就是卡夫卡在20世纪初看到的和所理解到的。卡夫卡困在了一个从根本上发生了无数次变形的边缘的世界，他和威尔斯一样预见到了身体是所有这些变化的核心所在。一个新的身体正在变得清晰可见，那是一个饱受社会压力和政治压迫的身体，一个基因构成的血肉之躯，一个由螺栓组装起来的有意识、有思想的身体。就像在他之前的威尔斯一样，卡夫卡感觉到我们的身体不再专属于我们，它们变得不再确定和牢固，同时没有器官和拥有器官，血肉之躯沐浴着政治、科学和文化动力。正如卡夫卡所预见的那样，我们的身体形式现在已被共享和变形，在这个过程中，技术、战争、压迫、自由和艺术都撒了种并茁壮成长。

当卡夫卡写下《变形记》开篇中那句著名的话“一天早上，当格里高尔·萨姆沙从不安的睡梦中醒来时，发现自己躺在床上变成了一只巨大的甲虫”，一部最具影响力的短篇小说就这样诞生了。《变形记》的意图并不十分明朗，小说闪烁其词，结局是作为人的那个肉体的毁灭。事实上，昆虫格里高尔·萨姆沙已经变成了莫罗的动物之一，半人半兽，不能和自己的双重人格和解，被上级（老板、父亲、房客）训斥，生活在一个完全与世界隔绝的地方，即他的房间。格里高尔唯一能解脱的方式（像莫罗的动物们一样）就是自己的死亡，而他的家人对此几乎完全无动于衷。

61

在这个文本中，人与其身体之间的关系已猛烈腐化蜕变到外部压力对控制那个新滋生的生命体再也无能为力了。格里高尔·萨姆沙一觉醒来，已发生彻底变形，这就是最终导致他不惜一切代价试图逃离所在的社会等级结构在他身体里的向内爆裂。格里高尔变形后的身体不仅歪曲了任何关于“正常”人体的看法，而且还是从外部对人类身体进行控制的所有可能性的滥用。事实上，格里高尔·萨姆沙向我们展示了一个去人性化的身体不仅会腐蚀栖息于这个身体的人，而且也会腐蚀归附其中的社会结构。但小说最引人入胜的地方还是昆虫格里高尔在摆脱社会压迫的同时，也被剥夺了其作为生命的特权，他的身体不能再被划为人类身体的一类，因此也就不能像正常身体一样受控制。

因此，格里高尔所经受的变形像20世纪晚期众多赛博朋克风格的人物一样，成为一种退到不同表征领域的方式，那里不再会有“正常”世界的压抑力量。格里高尔越是变形，他就越不需要思考人类问题；越是变形，就越是远离人类，也就越能摆脱人类需求。他的去人性化就是他的自由。

但变形也是一种惩罚。是谁实施的呢？这也是这篇短篇小说悬而未决的问题之一。因为在他变形的那个早晨，格里高尔因一夜睡眠不安而筋疲力尽，醒来后烦躁不安的他幻想着就让一切顺其自然。可更糟糕的是，他的胡思乱想还在继续，还在对自己所在社会的本质发问，质疑效力、效率和生产力原则[5]。所以格里高尔的变形既是一种解放，也是一种惩罚。

格里高尔的变形有两个层面：惩罚他的反抗与不力，改变他的身体及身份，将他符号化（以他的公寓作为缩影）以重申父权统治的力量（因为每次格里高尔出现在其他人面前时，他的外貌体征、他的无法沟通、他的腥臭之气、他的兽畜本性，处处都表明了他的违抗不服从以及他在社会和经济效益上的无能，同时也表明他必须为自己的种种僭越、反叛付出代价），还有使他从压抑的社会环境中挣脱出来。[6]

62

所以说格里高尔的变形具有鲜明的二元性特征，他的身体既是社会惩罚，也是社会解放，既受他的控制，又不受任何控制。《变形记》使我们得以审视技术文化最基本的现象之一：身体本身自成世界，这个世界里线性和因果性已不复存在。当然，关于格里高尔的变形可以有很多种假设作为解释，但随着变形的逐步深入，他的身体变得越来越不可理解和难以解释，与有机世界和他自己也越来越疏远。并且在格里高尔死的时候，格里高尔已经不是格里高尔了，他几乎就已经完全是一只昆虫了，是一个自主实体，一只与人类现实没有任何联系的真正的昆虫。

格里高尔的变形就像莫罗的动物们那样，并不是为了让世界变得更清晰或更透彻而被人类理解，因为它根本不属于有机世界，格里高尔·萨姆沙的身体不存在于任何人类理解的领域之内。这是一种身体上的他者，一种只有文化与有机物的耦合才能对其作出回应的东西，这个似蟑螂般的身体与其说是身体，不如说它就如某种文化的原始汤一般，属于一种新进化框架。

整个20世纪到处都散布着这样的身体。昆虫般的格里高尔不是卡夫卡的故事里才有；它会浮现在培根的画作里、集中营囚犯那被折磨得体无完肤的身体里、在非洲饱受饥荒的受害者的身体里；初出茅庐的明星做了整形手术、运动员服了兴奋剂，格里高尔昆虫般的身体便会潜伏在他们的身体里；格里高尔噩梦般的身体已经成了科幻电影中怪异的半有机半机器身体的灵感来源；最与那些克隆体、转基因动物和换头灵长类动物的身体相配的也就是格里高尔那没有明确定义的身体了。所有这些例子都是有机物和文化交融一体的产物，就像格里高尔和莫罗的动物们

63

一样，这些由生物和文化共同构成的变形生命体在某种程度上都是新的存在体，是在生命的外延所创造出来的他们自己的身体、自己的系统以及自己的属地，最终他们既收获了自己的解放，也收获了自己的禁锢。

与威尔斯的小说一样，《变形记》也是我们如今对变形身体理解的基础。我们对这个故事理解的关键点并不在于格里高尔低落压抑、过度劳累、受官僚制度的压迫这些方面，也不在于他变形背后可能的原因，事实上，正如现在健美运动员和满身疤痕的青少年所拥有的已改变了的身体一样，它已经是蜕变之后的身体了，这才是变形背后的意义所在。只有作为昆虫的格里高尔才能意识到自己是清晰可知的，意义在人类的因果关系中是找不到的，因为那属于严格的有机现象，而格里高尔·萨姆沙变形身体的意义却在于变形过程本身。

读过卡夫卡的人都知道，他热衷于让读者在心理迷宫里徜徉，他被读者视为他那个年代的避雷针，是未来时代的预告者，他的读者还知道在卡夫卡的想象里早已有了那些 20 世纪最诡异的恐怖存在。每次重读《在流放地》，读者都会被故事本身、它的残酷和它在冷漠与激情间的不断摇摆所惊艳。阅读卡夫卡，人们每一次都会陶醉在文本织就的人与机器、皮肤与文化、痛苦与动力之间的关系之中无法自拔。

《在流放地》不能算是严格意义上的政治或社会小说，这个文本也涉及了基因遗传与技术纠葛的问题。人们一定会问，该如何理解这个文本中身体与机器的关系呢？（我们该如何解读两者的互动和纠葛？又该如何绘制它们共同拥有的属地呢？）为了更好地解决这些问题，我们必须考察《在流放地》中人们所秉承的是什么类型的司法公正。

64 一个不起眼的旅行者不知因为何种原因被邀请到了流放地，他知道一个士兵被他的上级军官判了刑。然而，旅行者很快就发现，这名士兵既不知道对他的判决，也不知道他们将如何行刑。事实上，他甚至都没有意识到自己的生死存亡。卡夫卡在书中这样写：

> 很多问题都困扰着旅行者，直到见到犯人时，他不禁向军官发问了。
>
> “他知道判决吗？”
>
> “不知道。”军官回答说。
>
> “他不知道对自己的判决？”

“不知道。”军官说，“倒也没什么必要告诉他，他自己的身体会让他知道的。”

在军官与旅行者的简短对话中，卡夫卡可谓津津乐道地打破了正义与正在逼近的惩罚之间的惯常联系。但这只是对文本不完整的解读，事实上，正义的意义并没有缺席，只不过它只体现在人和机器的相互纠缠之中。也就是说，只能视人和机器的纠缠是一个独立的世界，正义在这里才具有意义，它与人类现实世界从未有过真正意义上的联系。

顺着这样一条思路，卡夫卡进而提出了意义完全失重的观点，每个人都深陷其中，甚至包括军官。其实，在军官本人的自我折磨中，他已经无法理解人和机器的纠缠本身就是一种司法正义的建构[7]，而且司法正义最终唯有这一个意义了，即人和机器两个实体的耦合和完全融为一体，成为一个自主的身体。因此，这个短篇的真正意义也只有在机器对人的渗透和机器对人的融合中才能寻到。人和机器的耦合控制着流放地的司法“系统”逻辑，并确保司法不以正义或不正义为基础，因为那是人类的标准，并且以纠缠或不纠缠为基础。谁会受制于机器并不重要，机器只有一个目标：把自己和某物或某人纠缠在一起，除此之外的任何其他，包括人类正义在内，都是不重要的。此流放地内被认为是正义的东西，无非就是想尽一切办法为机器提供可以与之纠缠的任何事物。

65 当然不可能就简单几个字；它不是一下子就直接把人杀死，而是平均间隔十二个小时；估计在第六个小时会是转折点。所以必须要有很多很多的花纹来装点真正的文字四周；文字本身只是像一条窄窄的腰带绕着身体缠了一圈，身体的其他部分都是留出来做装点的。……但是，就在第六个小时左右，他变得多么安静啊！就是最迟钝的人也该开窍了。整个过程从眼睛四周开始，然后向外辐射散开。那种景象可能让人不禁想爬到那个"耙子"底下去亲身体验一下。那个人也就开始解读铭文了，噘着嘴，像是在聆听什么。你已经看到了一个人用眼睛解读文字有多么困难；而我们的受刑之人却是用他的伤口来解读。

"我们的受刑之人却是用他的伤口来解读"，因为在机器实施的酷刑下，他已经发生生理变形。任何被这台机器折磨的人，不仅在生理上会发生变形，莫罗的动物们和格里高尔·萨姆沙都是如此，就连在本体存在上也会发生变形。先前刻在受刑人身体上的那些难以理解的铭文装点，经过几个小时的折磨后，突然就变得一目了然了。它们变得清晰可辨，因为受刑之人的整个本体现在都沉浸在了巨大的痛苦与折磨之中，他也就被迫变形成了完全属于任何人类理性之外的东西。他已经是一架名副其实的机器了。如同《莫罗博士的岛》和《变形记》一样，《在流放地》的故事意义只能在有机的变形本身中找到，毕竟只消看看那身体是如何被折磨的，人与社会之间的关系就已清晰明朗。人和机器彼此纠缠融为一体；它们存在于一种独特的动态之中，在这个动态体内，身体即机器（身体没有器官），机器即身体（机器有器官），身体和机器都彼此展开，相互渗透，生成一个独特的“实体”，实体成为其现象的总和，既不为身体，也不为机器，既不是有机的，也不是技术的，它是所有这些元素所形成的一个不稳定的混合体。就像格里高尔·萨姆沙一样，受尽折磨的军官通过自愿给机器喂养自己的身体来“拯救”机器，最终从他的人类世界退出来，转而进入一个新的属地。在那里，他的身体和存在都被重新规定；在那里，他与机器成为一体。在卡夫卡的世界里，如同在20世纪80年代末的赛博朋克小说里一样，机器身体才是认识这个世界所要解读的文本。

66 “我们都死了。”

20世纪那些变形的身体在痛苦中挣扎。文化身体或者说变形的身体通常也是痛苦的身体。身体经过改造后变形既是一种重生，也是痛苦的小产。莫罗的动物们、昆虫般的格里高尔·萨姆沙以及20世纪很多很多被雕刻和改造的身体，它们都具有这种双重性。奥威尔在《1984》中写道：

> “温斯顿，一个人是怎样向另一个人彰显他的权力的？”
>
> 温斯顿想了想说：“让他受折磨。”
>
> “太对了。让他受折磨。光服从还不够。除非他受尽折磨，不然你怎么确定他服从的是你的意愿而不是他自己的呢？权力就是让他遭受痛苦与耻辱，把人类思想撕得粉碎，然后再按照你自己所选把碎片重新拼合起来。好了，现在你是不是开始明白我们要创造的是个怎样的世界了？它和那些老派的改良者们所想

象的愚蠢而享乐至上的乌托邦可是恰恰相反呢，这是个充满恐惧、背叛和痛苦折磨的世界，一个践踏与被践踏的世界，一个在自我完善道路上变得越来越无情的世界。我们在这个世界的进步都是朝着越来越痛苦的方向，过去建立起的各种文明口口声声说自己是建立在爱与正义之上的，而我们的文明却是建立在了仇恨之上，我们的世界除了恐惧、愤怒、耀武扬威和自贬自卑之外，再无其他情感。我们要摧毁其他的一切——摧毁一切。”

当然，对于每一次变异，一定程度的痛苦是不可避免的，但在过去一百年里所遭受的痛苦程度不只是变形的结果，那种与文化身体关联在一起的恐怖是根植于一种新的社会等级制度的兴起：文化体原教旨主义者（cultural-body fundamentalists）。

莫罗就是这样一个原教旨主义者，也就是他拒绝承认身体在生物意义上存在独立自主性。对他来说，身体除了传播文化，没有任何其他功能。这样的人会认为身体没有生物特异性，它的有机存在只有在为庞大的意识形态服务时才是有可能的。一个文化体原教旨主义者会将个人置于完全屈从于文化的地位；由此操纵个人行为的既不是群体，也不是个人，甚至不是个人所属的种族，即使看起来像是。文化及其传播成了他唯一关心的问题。

67 对于文化体原教旨主义者来说，有机自主的个体身体是文化传播的障碍，只要有一个身体在发挥作用，它就不会单是服从，因为这意味着有意识，它必须真的消失——为了成为一种意识形态，文化体必须本体失重，从生物和人类基础上将之切掉和抹去。打个比方，对希特勒来说，集中营囚犯的身体只有一个用途：传播纳粹意识形态。身体经受折磨、恐惧和痛苦，不仅仅是因为暴虐剥夺了它任何人性的痕迹（使它完全消失：集中营的囚犯并不是作为人这个实体存在，而只是作为纳粹主义的象征），其实更是因为身体的如此变形能够使人震惊、恐惧和害怕。对纳粹的暴行反应越大，我们就越难做到视而不见。随着纳粹暴行的公之于众，受害者的尸体不再被视为人，而是成为统治、恐怖和压迫的象征。身体受虐越甚，它就越是能转化成一种象征；施予身体的痛苦越大，纳粹的意识形态就越好地被存续起来，并被永远地植入了社会想象之中。

纳粹的主要目的并不是消灭犹太人、吉卜赛人和他的政治对手，也不是要创立一个隶属于某种意识形态的

“种族”，而是想通过时间和历史去传播纳粹的意识形态。希特勒所说的雅利安人也不过是一种被完美改造的文化体罢了，不具任何人类特殊性；每个雅利安人也不过是纳粹意识形态机器的一个齿轮罢了，与集中营的囚犯相比，其绝对价值是一样的。无论是雅利安人还是集中营的囚犯，他们都存在于同一个文化生态系统之中，那就是希特勒的恐怖生态系统。很多人都会因为希特勒梦想的千年帝国如此短命而嘲笑他，但令人遗憾的是，似乎短暂的寿命从历史和意识形态的角度来看，或从模因的角度来看，比什么都更接近真实，正是因为纳粹能够震慑集体想象力，使其意识形态伤痕累累，希特勒的第三帝国短期内是不会从人类社会的意识中消失的。纳粹的意识形态已经成为一套地方性模因，它以恐怖作为生存载体渗透到了文化环境之中。被扣押在集中营的囚徒被摆布、折磨和改造，为的就是让他们作为纳粹威慑力的象征而被永远记住，永远成为我们集体记忆的一部分。虽然很有可能出于一种无意识，但是纳粹已经明白了这样一个可怕的公式；在我看来，他们对记录、拍照和拍摄一切的狂热是不可否认的证据。 68

改造过的身体本质上是一种特定文化的生存载体，因此它可以存活得更久，也能更频繁地进行传播。这样就等于每一个被改造过的身体，无论在小说中还是在现实中，都参与了某种特定世界认知的传播。比如在数字文化中，每个整形手术、每个文本、每部电影以及变形身体的每个形象都在传播人和机器的相互纠缠。变形的身体不仅仅是一个文化产品，更主要的是它往往还是一种文化生存的载体。

文化体原教旨主义者们已经明白了这一点。意识形态存活下来的关键以及意识形态永恒不灭的关键，不是压迫肉体或恐怖惊骇本身，尽管它们是其中的重要组成部分，而是创造出了已完全摆脱任何有机需求的无机文化体，这些“身体”能够在人类想象的意识形态和模因属地中不受阻碍地自由游走。

如果说痛苦足以让动物屈服和把它改造得不再认识自己（比如说威尔斯的故事），那么痛苦的力量往往不能强大到击垮一个人。事实上，整个 20 世纪的文化体原教旨主义者们已经悟出了这个道理，仅仅折磨一个人的身体是不够的，而要打击其最深刻的架构体系，消灭其最深刻的个体特性，其中必须要做的就是让其周围的世界消失，让其心甘情愿地融进文化的生态系统中去，周围的有机世界必须逐渐消逝于无形之中。奥威尔曾写道：

> 如果你想要一幅未来的图景，那么想象一下自己的一只脚正踩在一张人脸上就行了——永远如此。……记住是永远如此。那张脸会永远在那儿随你踩踏。异端分子、社会公敌都永远在那儿，好让你反反复复地打败他们、羞辱他们。自从你落到了我们手里，你所遭受的一切——就会永远如此，而且会更糟糕。间谍活动、叛党卖国、逮捕监禁、严刑拷打、裁决处置、毁尸灭迹，永远如此，永无终止。这是个恐怖还扬扬得意的世界。政党越有力量，就越不容忍；反对力量越弱，独裁暴政就越严酷。

谁不会被《1984》这本书震慑和感动到呢？谁又不会为茱莉亚和温斯顿而哭泣呢，也许他们唯一的错误就是活着和相爱了吧？我至今还记得第一次看到这本书时的情景，那年我二十岁，从大学图书馆借出《1984》这本书的那一天起，我怎么都不会预料到最后自己会陷入如此情绪。突然之间，世界的无数欺骗都暴露无遗；突然之间，人类的残忍和恐怖显得如此浩浩荡荡。国际宣传机器变得如此清晰可见和精准明确。这本书的故事无时无刻不在我的世界徘徊，甚至于在我工作时、好几个小时的洗碗劳累时，都

69

要挤出哪怕几分钟的时间去追寻温斯顿和茱莉亚的悲惨故事。多么好的一本书啊！我被它深深地感动着和影响着。

几年后，这本书仍然令我痴迷和感到困扰，因为它还把这个世界的很多冷血政治罪行描绘得生动而准确，因为它还精准描述了人类放纵自己的恐惧时所受到的深刻威胁，因为它还警告人们民主契约是有脆弱性的。每当这个世界的罪恶麻痹我的神经时，每当我隐退到思想之后时，每当我开始相信科技乌托邦，随随便便就轻易忽略了饥饿、痛苦和恐怖这些仍然是大多数人的梦魇时，我都喜欢重读此书。

但是，奥威尔书中最深切的恐怖还不是那些对书中人物所经历的无尽痛苦和折磨的描述所引起的，尽管这是其中的主要部分，因为单就恐怖而言，它并没有超过集中营的恐怖。在奥威尔式的宇宙中，恐怖反而来自人类再也找不到一个与人类世界相关的世界的现实。我说这话是什么意思呢？在奥威尔描述的大洋国里，镇压是有效的，只要它赖以生存的世界仍然处于真空状态，它就会奏效和不断扩张。只有在其他一切都不存在的情况下大洋国才能存在，大洋国现在存在，只因为爱情、快乐、真理、人工制品以及各种符号都不存在了。大洋国是一个所有表征都被清空了的世界，诚然某些表征尚在比如友爱部的金字塔、监听电幕、果尔德施坦因等，但这个世界的本质是符号的匮乏，新语就是一个很好的例子[8]，从史密斯的日记到他唱古老童谣时手中拿着的珊瑚碎片，所有的东西最终都会被抹去、消除，甚至湮灭。大洋党的最终目标是彻底抹去所有表征(其中人类是最为重要的清除范例)。大洋党实施酷刑不仅是要教化或逼供，而且最主要的是要剥夺每个人（他或她）的“存在性”。爱戴老大哥就是要让自己不再存在；爱戴老大哥就是要从一切人类所能理解的范畴中挣脱出来。在大洋国，只有死亡得以幸存。这就是为什么当人们读到这本书时会感到虚空和恐怖，它们源于自己找不到自己以及找不到一个正常的属于人类的原始宇宙的那种无能为力。就像希特勒的纳粹、斯大林的秘密警察、波尔布特的红色高棉和皮诺切特军队的士兵一样，《1984》中的大洋党不仅要对种族灭绝负责，而且要对屠杀原始宇宙的“宇宙灭绝”行为负责。 70

这就是大洋党如何能达到无与伦比的力量和规模的原因；在一个全无任何其他世界的原始宇宙里，它独自扩张，不受历史时间或真理的阻碍，也不受符号以及所指、能指之间符号交互的制约。就这样，世界陷入了虚空和虚无，因为没有了符号，剩下的也就只有无人性、非人性、人性之外等各种去人类性了。

温斯顿·史密斯就是生活在这样的一个世界里，也就是在这样的一个世界里进行反抗，反正史密斯也是符号而已，除此之外他什么都不是：他写作、唱歌、思考、阅读、做爱、争论和记忆。但温斯顿对抗的既不是一个怪物，也不是一支军队，那是一个黑洞，一个彻头彻尾的真空。人类的时间已消失得无影无踪，其他的一切也已随之湮灭。只有大洋党，只有党还在，党成了唯一的参照物，人们可以求助的唯一可能的宇宙。同理，无论是时间、历史、正义、理性还是真理，统统都没了任何价值，所有这些要素现在都存在于党所控制的符号失重下。真理、价值、正义、历史和逻辑全部都与任何人类需要和理性隔绝了。

没有这些符号，人类就不可能被创造出来，世界没有任何符号迹象，人类存在的根基也就消失了，被迫回炉到无形的原始岩浆中去。《1984》里的那个党就创造了这样一个岩浆，没有符号迹象，温斯顿·史密斯也就怎么都不能宣告自己的生长、存在和思想，也不再有人类可以作为他身份停靠的基础。大洋党是最可怕的捕食者，因为它以捕食本体、符号和所有世界为生。奥威尔曾写道：

> 你意识到了吗？从昨天开始，过去其实已经被废除了。如果说它还在什么地方活着的话，也只是些没有文字固着于身的立体物罢了，就像那里的一块玻璃。我们已经对革命和革命前的岁月几乎一无所知，每一份记录都已经被销毁或伪造，每一本书都已经被重写，每一幅画都已经被重画，雕像、街道还有建筑也都已经被重新命了名，每一个日期也已经被更改了，这个过程每一天、每一分、每一秒都在继续。历史已经停止。除了大洋党永远正确的无尽存在之外，什么都不存在了。

71

而且，正是这样一种现象却偏偏被称作“双重思想”[9]，若不是以让所有符号迹象都消失为唯一目标的驱动的话，这又能是个什么结构呢？可以同时拥抱真实与非真实、真相与谎言。双重思想只独自存在着；像大洋党，它完全自给自足，不需要一个外部支撑的符号与实体世界。双重思想排斥所有差异以及产生差异的可能性。运用双重思想就意味着生活在一个贫瘠的世界里。当奥勃良用双重思想思考时，他就是生活在了一个掏空一切存在和一切生命体的世界里。

《1984》所引起的惊骇以及奥威尔描述的在行刑台上的温斯顿·史密斯所感受到的那种厌恶都不仅仅是恐怖的产物，它们更是我们对虚空焦虑的结果。如果书的结局是温斯顿和茱莉亚还活着，那他们也已经被剥夺了一切意义和只是些既不能利用也不能生产表征的赤裸裸的系统。小说结束时，温斯顿和茱莉亚已经和生物世界没有任何联系了。[10]

人们之所以在阅读这本伟大的书时感到深深的恐惧，是因为在20世纪的许多事件里都折射了一个常见的现象：世界的消失。这本书的世界可以说就是从主人公的脚下消失的。在这个荒芜的属地，存在不复可能。创造存在的可能性是表征，没有表征，任何存在的可能性都会重新陷入无序与混沌之中，身体、本体和统一性也都会被剥夺，或者被禁锢在一个单一符号化（monosemiotic）的宇宙中（比如《1984》中的大洋党，它既是每一个，也是所有的表征符号），生物也融化在了无形和死亡之中。

格里高尔·萨姆沙的变形、《在流放地》所描绘的莫罗式的暴虐以及奥威尔写的大洋国里的极度压制，这些都不符合人类的意愿、应变和交流，因此也就让人觉得似乎难以理解。只有当人们不再把有机的身体看成是存在之本时，也就是不再看成是世界被理解接受的那个“元模型”

时，这些变形似乎才显得能被人所理解；鉴于发生的这些变形和现象，也只有当人们认识到人体是建立在文化中的时候，人的身体似乎才显得可以被理解和接受。昆虫般的身体、集中营里的身体和机器身体都是去生物性的身体，是被隔绝在去人性世界里的身体。 72

赛博朋克：身体的恐怖分子

> 下一招，这可是很先进的一招，就是抛弃非常严谨的多细胞结构。米娅将会像在子宫状态下一样被泡在一个装有生命维持液的胶罐里。她体内的新陈代谢需求将通过一条新连上去的脐带提供。必须要清掉她的毛发和皮肤。……停止红细胞的生成，血浆将被一种稻草色的液体取代，这种液体对任何非哺乳动物的细胞都是有毒的，人体内的所有共生生物都必须被消灭。
>
> ——布鲁斯·斯特林，《圣火》

卡夫卡、奥威尔和威尔斯的小说让我们得以审视到文化体的面貌。下面让我们来看几个文化体在当代的实例，聚焦一个被称为赛博朋克的艺术流派。为什么选择这个流派而不是别的呢？赛博朋克这个词是由威廉·吉布森开创的，可以说是人们对技术的当代认知来源之本，当前网络空间的技术模式大部分都是通过它的视角形成的。但首先最重要的还是这种艺术流派为我们精彩地描述了被权力、技术和文化改造过的身体。赛博朋克小说、电影以及文学中的身体与德勒兹和伽塔利所描述的一些令人颇感不安的身体非常相似，它们既没有器官又充满了器官，是存在与生成之间本体论不断失衡状态下的种种欲望系统，而赛博朋克小说反映的恰恰就是这样一种本体论的变形。

史莱因曾写道：

> 艺术的激进革新体现的是新兴概念的各种前语言阶段，这些新兴概念最终将会革新一种文明。无论是对一个婴儿还是对一个处于即将发生变革的社会来说，一种思考现实的新方式都始于对陌生图像的同化。……视觉艺术提醒其他领域注意，用于感知世界的思维系统即将发生概念上的变革。

73

但什么是赛博朋克呢？怎样定义它呢？[11] 在赛博朋克

诞生之初，这个词用来描述像威廉·吉布森和布鲁斯·斯特林这样的新锐科幻作家的作品，但后来它有了更为广泛的含义。虽然今天这个词的使用明显少了很多，因为许多批评家认为，赛博朋克运动只是在20世纪80年代昙花一现罢了，我并不认同这种想法。但赛博朋克如今指涉的是整个当代艺术表现领域，当代很多书籍、电影、视觉艺术和乐曲都可以被称为赛博朋克。

但是，到底什么是赛博朋克？他们代表了什么？他们想要表达什么？让我们从布鲁斯·斯特林曾给出的定义开始吧，斯特林算得上是赛博朋克的非官方发言人，在《镜影：赛博朋克选集》的前言中，他这样写道：

> 技术本身已经改变。对我们来说，过去那些巨大的蒸汽奇迹已经不复存在：胡佛水坝、帝国大厦、核电站。20世纪80年代的科技是近身的、可接触的：个人电脑、索尼随身听、便携式电话、软性隐形眼镜。而在赛博朋克中，某些中心主题是反复出现的，比如身体入侵的主题：假肢、植入电路、整容手术、基因改造；还有更强大的思想入侵的主题：人脑/计算机连接、人工智能、神经化学——技术从根本上

> 重新定义了人类本质和自我本质。……赛博朋克们本身就是些混血儿，他们对跨区、区间迷恋不已。

但是赛博朋克小说并不只是聚焦人对机器的认同；它们还是对新型文化体（产生和形成于计算机内部）崛起的共同叙事。故事里尽是血液与硅胶、灵魂与运算的耦合，为了创造出现实中基于计算机网络编码的新生命，赛博朋克的艺术家们将计算机网络插入了被撕裂的人体里，甚至有时候他们和某些赛博朋克行为艺术家们一模一样。对于赛博朋克作家来说，身体只能是一种文化；对于赛博朋克来说，身体则是生物、技术和文化相互融合的属地。

74 赛博朋克这种艺术类型的叙事特点是什么呢？一般来说，赛博朋克的故事背景是在一个不久的将来（五十年到一百年）。在这个并不遥远的未来，典型的赛博朋克小说通常是这样描写的：一个混乱的社会，由街党、跨国公司和雇佣兵组成的漩涡帮（maelstrom）统治着，无论好坏，所有居民均住在大都市，大都市的规模很大，几乎相当于整个国家，例如，在吉布森“蔓生都会”中就有一个从波士顿延伸到亚特兰大的“城市”[12]。

在这些特大城市里，极端贫困和高科技通常是共存的，“赛博”即控制论和“朋克”也是共存的。然而，对于赛博朋克来说，技术并不是统治阶级的特权，相反，他们认为技术一旦被盗版和改造，就具有根本性的破坏作用，它总是可以“败坏”统治者（不管是谁[13]）原本并未打算的东西。对于赛博朋克来说，技术是一种解放的手段，因为它能帮助物质和金融存活下来，让人的生存和生活水平得到改善。但是，赛博朋克所谓的技术并不是什么昂贵的机器，那些所谓的社会和职业成功的象征是会占用掉家和办公室空间的。赛博朋克的技术是灵活的、可改造的、普通的，往往安全地栖身于人体本身——湿件（wetware）、软件和硬件同时存在。赛博朋克还认为技术是一个透明的现象，很容易就会与任何的生物系统相融，尤其是和人类的生物系统融为一体。[14]

这样一种“生物化”会让赛博朋克以为通信技术，包括计算机、人工智能、人工生命、互联网等是生物圈的基本甚至是创始的组成部分。技术在赛博朋克小说和电影的叙事中起着形成性集中力量的作用，这种融为一体的主题使人物经历了一种出生、生活、死亡、重生的崭新配置，但这其中最重要的还是赛博朋克的技术是用不寻常手段改变生命形式的孵化器。

赛博朋克小说中，技术是原始的矩阵母体（既是技术意义上的，也是生物意义上的），是圣杯，是所有决议产生的地方，在那里可以找到救赎、启示和好运。但是这些技术也有阴暗的一面：在充斥着“去人类”的属地，在由网络创造和维护的运算现实中，一个人真正能够被“拯救”或“救赎”的唯一方法是否定自己的身体。

卡蒂甘曾说过：

> 他将自己的意识扩散开来，小心谨慎地——就像同时身处多处——接收着以光速度传输的信息，工作时间以纳秒计算，就像曾经以分钟和小时计算、把信息加工成自己可以理解的东西时一样真实。他已经习惯和接受了自我本质既是多意识的，同时又可以拥有一个单一性的集中核心，自己原来的肉体器官本来是无法应付那样一种现实的，但在这里，像是他用一件尽可能小的衬衫换了一件尽量大的一样，现在他攫取了更多的能力。

75

事实上，赛博朋克小说主要描写了一种全球性新型精神分裂症的蔓延，这种精神分裂症源于我们既无法应对去人类的社会巨变，也无法应对身体上发生的突变和改造。赛博朋克宇宙里的身体已不再拥有自己的生物完整性，这点与格里高尔·萨姆沙、温斯顿·史密斯和莫罗的那些动物们是息息相关的，身体于赛博朋克而言并不是一个同质的整体，而是一块灵活、可渗透、可供随意使用与分享的马赛克。事实上，那些经典的赛博朋克主角视自己的身体为本质上的异物，既不是本质，也不是物质，而是大量寄生常客的宿主。各种科幻电影都精彩呈现了这一现象，最著名的要属《异形》四部曲了。

因此，这类小说讲述的是一种被改变了的存在，活着的生物体已与机器、网络和经济融为一体，比起各个社群的社会政治结构，赛博朋克小说家们更关注的是生命体的统一，人类定义的“我”只有把自己和那个与技术、社会和文化共存其中的已退化了的身体交织在一起才能求得生存。[15]

归根结底，赛博朋克在他们自身碎片式和多重性的存在中找到了统一，就像蜂巢中的一只蜜蜂，赛博朋克的身体属于一个群体（如互联网），它是作为群体行为、目标和反应的一部分而存在的，事实上，赛博朋克也只有在群体之中才能找到自己存在的意义。那么这里就形成了一个悖论，赛博朋克本体存在的基础是其个体性和人之特性的丧失。

因此，在赛博朋克中，存在与表征之间便出现了深刻的错位，错位之下，身体变得如此变形、分裂和不协调，最终，他们唯一的出路就是发生严重变异。赛博朋克的身体是可怕的、怪异的，也是神秘的，让人不禁想起《异形》《机械战警》《终结者》等，因为它们与任何生物结构都没有真正意义上的关联，其实赛博朋克身体的不协调已经导致了它们在形态和结构上的不稳定。

76

就本身而言，赛博朋克是“一种能够以自我形象和自我毁灭式的自由来创造世界的机器哲学，是那个形象的缠结”。[16] 赛博朋克这个本身就自相矛盾的术语反映了此流派根本上的异步化，本质上的自相矛盾也导致赛博朋克只能产出那些利奥塔所称的“不可能”的身体、生命形式和意识。所以赛博朋克就是典型的文化体，是一种被文化深度改造变形了的异形有机体，生物参照物（如器官的特性）也由此变得毫无意义。根据小伊斯塔万·西瑟瑞·罗内的观点，赛博朋克的典型特征就是崩塌、毁灭，即与之能割裂开来的生命关键基本结构（生物学、文化、政治和经济等）已经完全塌陷了。

同样也是这样一种由异步化引起的崩塌，破坏了赛博朋克社会的均衡。赛博朋克的主角们在事件急速融合中求生存，既无法沉思过去，也无法预见未来，他们又像格里高尔·萨姆沙似的，生活已被彻底改变，生活在如此重大的变化中，他们再也无法客观地去领悟自己的处境了。

赛博朋克的主角们在超越话语，超越政治、美学和技术结构特点之下提出了如下建议：我们都是格里高尔·萨姆沙，是碎片化的、多重的、精神分裂的，是在自我和身体之间的脱节，在一个既定义同时又否定自己存在的世界模型中向内爆裂。布尔在书中写道：

> 那是一匹马。……
>
> “很好，真是出色。……一个没有头脑、没有灵魂、没有性的躯壳，像洋娃娃一样没有性别。”她对我说——面向我说——不管她是在和谁说话，反正不是和我。她不相信我是存在的。……一个还没有被占用的崭新大脑，一个瓶子，制造出来就是为了被我们当中的谁去装东西的，一块没用的黄铜就等着被煅烧成子弹呢，一匹初长成的骏马就要给最渴望它的骑

士，也不要期望他或她对马的喜爱能超过那个最亲近的步兵，饲养和驯化家畜就是为了有个人来骑乘。

如果身体错位了，那么性行为也必须被改变，赛博朋克们已经迷失在了自己的身体里，不能再交配。人类形态都不再交配，只有动力系统才可以：这些系统会充满器官但又没有器官，无性又嗜性如命，没有性别又完全按性别分类，它们是人又非人，统一而多重，是器官也可变成钱。电子化的宇宙已让身体可以同时具备雌雄同体、阉人、荡妇和大男子的素质，所以赛博朋克文化体并未被去性化，而是一个不断融合两性、拥有超越器官的性、无形且不断变化着的身体，既去人化又去人性化。在马克·欧杰所说的超现代性世界中，没有有机的或关乎爱情的性，超现代性世界只知道交媾、色情、重商主义和物物交换；超现代性世界中的身体在自己的文化中失去了自我。赛博朋克的身体会抛弃自己，并将自己溶解消散于自己的器官和人工制品中。

77

新的身体模式

没有身体的我们，突然冲进了珂萝米的冰雪城

> 堡。我们的速度很快，很快，感觉就好像我们正在入侵程序的波峰上冲浪，在它们突变的一瞬间，我们在沸腾的电子脉冲系统上来了个高难度的十趾扣板头冲浪，我们又像是一块块有知觉的油污，顺着一道道布满暗影的走廊飞流直下，我们的身体在遥远的某个地方，在那钢筋和玻璃屋顶的拥挤阁楼里。
>
> ——威廉·吉布森，《整垮珂萝米》

在赛博朋克的宇宙里，身体让人痴迷，奇异而挥之不去，虽然不断被否定，但它也帮助澄清了赛博朋克最重要的几个问题。身体到底可以被赋予何种“统一性”和形式？什么样的身份认同是源于身体的，是生物的、技术的或文化的？应该如何去理解身体多重性所固有的精神分裂？鉴于身体会灭亡，我们又会期望怎样的身体模式呢？简而言之，如果还有什么可去理解和领悟的话，它们会是什么呢？

根据斯科特·布坎特曼、亚瑟和马瑞路斯·克若克夫妇、艾尔文·托夫勒及戴维·库克斯的观点，如果一个人想要在赛博朋克式的世界里求得生存，他就必须变成数据，即处在电子地理环境中的一个信息点，换句话说，他必须成为可以被网络使用、输送和广泛传播的信息位。这些学者都认为，人类只能数位化地定义自己，也就是我们所提到过的在媒体电子空间中（在二进制代码中全然再现）向内爆裂。布坎特曼称这种现象为“终端身份”，它将终端与“死亡”“工作站”和“网络站点”相关联，从而提出人类的技术身份存在于机器与死亡的相互纠缠之中。

78

布坎特曼的“终端身份”与凯文·凯利的“活系统”一样，两者都认为人类技术身份存在于网络和终端之间的某处。这个身份表明，人类技术身体栖身在生物学末端，这也就意味着并不是身体会不再存在。相反，将有更多的身体融入这个更加宽广的“活的生命”范围内，而是它们将游离于生物学外围。

身体不但没有毁灭，相反，它的存在感变得越来越强，正在发生改变的只是我们如何看待、理解和定义它。事实上，文化体可以同时作为生物学、信息、基因生存手段等存在着，是一个被“过度定义”的现象。身体已经与各种系统纠缠在一起，被分割成了无限多的现实，然后很自然地就会以被塑造成的无数平面和三维立体外形融于身体的各个组成部分。没有人再说自己有个身体了，因为每个人都从属于一系列的存在、现象以及现实，只有处在所有的存在、现象和现实中的时候，文化体的特质才能显现，文化体本身也才能被真正理解。被过度定义的身体只能存在于真实与模拟之间、个体与群体之间以及原物与复制品之间的空白地带。

怪物、赛博格和外星生物

> 任何要造出人造生物的人都不得不承认他已经找到了创造人类的秘诀，那么同样，为了能更好地理解这些生物，我们就必须视它们为对特定社会人和历史人表征的折射，这是它们最重要的意义所在。通过它们，人类可以审视自己，并设法准确地勾勒出人性的样子。
>
> ——菲利浦·布勒东，《人类形象》（作者译）

赛博格、泥人怪、人造生物、怪兽和恶魔—— 我们想象中的那些人造或非人类生物的名单很长很长，即使在我们这个被认为是致力于科学绝对理性的时代，这个名单也会随着无休止的外星生物、恶魔杀手和超级英雄的出现而变得越来越长。但是，这些想象中的存在意味着什么呢？

它们又有什么主要功能呢？我们是否应该把它们当作是我们的什么，我们认为我们是什么以及我们可能成为什么的一种反映呢？又或许我们必须要把它们看作是人类认知发展的必要条件吗？

菲利浦·布勒东在他的《人类形象：从泥人怪（傀儡）到虚拟生物》一书中很好地分析了这种现象，他阐明了每一种生物在人类想象力结构中都起着重要作用的道理，展现了每种生物如何反映了它的发明者的文化以及每个时代承载的本体认知。

但是，难道这些怪兽就只是局限于我们的想象之中吗，它们会不会在真实的社会里普遍存在呢？它们真的会永远栖居我们的社会搅得我们心神不宁吗？凯利断言“文化修改了我们的基因”，这话在多大程度上是真实的呢？

布勒东认为这些被创造出来的生物就如同显微镜，促使人类审视社会中一些最深刻的结构。但我个人认为这种分析虽大有裨益，不过还是显得太过谨慎了。我们人类世界的生物也没有让自己变得越来越清晰、易辨认或更透明，相反，这些生物倒是把人类的想象力推向了表象荒芜之地，从而发挥了相当于生物病毒的作用。通过将新突变引入意识形态领域，它们使人类认知发生了急速飞跃性的进化并不断去摸索新形式、新功能，它们像意识形态信息组块一样自由漂浮在我们的想象里，以更加饱满的热情推动着认知进化向前发展。这些生物可谓认知进化的捷径。

我们创造的每个人造生物、怪兽、泥人怪或恶魔都使我们的认知进化发生了偏离，并转移到了未知的进化路径上。我们不得不去探索新的怪异的文化和认知动力，但最重要的是，我们想象中的生物通过感染我们对现实的基本表征建构，以非常直接的方式影响了我们的基因系统（文化和基因组彼此紧密相连）。怪兽不仅只局限于住在我们的想象中，它们也已经在我们的基因中安家落户了。

当后现代理论家们研究《机械战警》《终结者》《异形》《银翼杀手》等赛博朋克电影时（这些电影都是最常见的研究对象），他们都注意到了这些电影所呈现出的一种表征不稳定性，主要体现在剧中人物在身体和“人性”问题上会显得异常焦虑。这些电影也明确例证了一个后现代性的核心原则，那就是它们的一切都是围绕自身展开的，空虚而忧郁。有些后现代理论家会把这些作品看成是人类虚荣的指路明灯，这也暴露了我们自身濒临死亡的边缘，悲伤、混乱、暴力、缺乏历史观、毫无遮拦的性欲、失控的贫穷，等等—— 这些电影总是会展现一些富有空间感的

80

超现代空旷场景（机场、火车站、购物广场等），清晰而详尽地叙述了吉勒·利波维茨基的“空虚时代”。由于这些作品中有不少是在美国创作的，所以很多欧洲理论家也会把那个时代的无望和空虚与美国文化等同起来，空虚时代甚至在政治和文化上都被定义成了一种美国现象，那种淡漠无魂和文化再造物全然就是将美国的自由市场模式强加给全世界的手段。

我觉得如果完全反对这样一种分析肯定是目光短浅的，毕竟美国对世界的影响是不可否认的。但我认为任何直接画等号的见地也难免会过于简单化，因为这样的解读只考虑到了商业后果，而眼前的现象才更为普遍。身体之所以可以被改造和被商业化，是因为技术文化已经将其损毁得支离破碎，并在几乎不到一个世纪的时间里，迫使它变成了一个液态透明的架构，边界重叠且不稳定，从此不存在任何绝对现象，结构也失去了其自身的本体存在。如果说后现代性宣告了人类历史的终结，那也是因为不再有可以存续历史的有机体了。

这意味着什么呢？当代怪兽通过转变我们看待和构建世界的方式，积极参与了分裂身体的过程。既然它们都能接受改造、转化和变异过了的人体概念，既然它们都能使人们对活生物体的认知发生转变，那么这些怪兽就是后现代性。事实上，这是一种认知病毒的发作，而且已经蔓延到了我们整个文化体系，正如布勒东所强调的那样，它们不仅是反映了更是创造了我们的想象力。

因此，栖居人类社会的怪兽是社会的根本，它们和病毒一样，是进化的社会和认知的动态力量。想象力不只限于人类的精神，也延伸到了环境之中，并在环境改造过程中发挥着积极作用。 81

当一位美拉尼西亚人被莫里斯·利恩哈特问及西方世界对岛屿文化的贡献时，他的回答中并没有列举技术、科学或医学方面的成就，甚至也没有讽刺地列举西方与太平洋岛原住民接触后所引发的灾难性疾病史，尽管言谈中可能暗含此意，相反，他的回答彻底打破了问题本身所涉范畴："你们给我们带来了身体。"就像美杜莎神话故事一样，我们很快就明白了必须要颠覆性地重新提出问题。我们不能在讨论表征问题的范畴中，以好像身体存在于一个脱离其他经验的领域里为基础去与"身体"对话。索戴伊曾说，成为一个身体和拥有一个身体的意义所在可能取决于你的文化对"身体"一词的理解。

在整本书中，我们近距离地考察了身体，通过研究其变形的诸多例证，我们了解了常见的身体模式是（生物、信息、计算机等）系统的叠层模式。而这样一种模式实际上指向了身体系统的开放性，从而颠覆了身体是一个稳定、自主、有意识、有生命的生物实体的观念。既然是开放的身体系统，动力和结构就都变得不再稳定，并且两者趋于相互重叠，因此，也难以精确定义每个身体的轮廓以及性质。简而言之，身体系统已经被撬开，所以理论上身体可以成为任何东西，但身体再也不会是人类建构下的身体了；系统打开，身体便一定是自主、智能和有意识的生物有机体以外的东西；系统打开，身体便随之消失。

赛博格就是身体消失的象征。它是超越本原的模拟物，是不可避免会破坏所有人类根基的怪物。它不是一个身体，但正在变成各种身体（每一个身体都来自不同的属地、从属于不同的拥有者）；它不是一个身体，但它是可以同时在技术和生物学领域得以生存下来的身体；它不是一个身体，但技术、生物学和文化都在它的身体上交融在一起。赛博格是卓越不凡的文化体：多重、“去历史化”、碎片化和根本易变——它是活的还是无生命的？它是情感意义上的还是规则之下的文化体？它是复制的还是原本存在的？赛博格是向心性地对人类以前生命定义的颠覆。

赛博格是对人类本体论是否依然成立的直接质疑。它的存在迫使我们开始考虑完美模拟像爱、智慧、意识，甚至灵魂等人类核心属性的可能性。也许人类本质就是半机器的，因为假如人类是可以媲美赛博格的，正如许多赛博朋克小说所设想的那样，或者假如人类不能或不想把自己与自己的模拟物区分开来，又或者假如人类想与机器如影随形或结合为一体。如果模拟物不被承认是模拟物，那它就是真实存在的。

82

正如本书开头提到的，认识是我们如何定义生命、意识和智能的基本要素。赛博格的形式和结构都体现了生命与其模式之间、意识与其模拟物之间、智能与其复制品之间的混淆，它是一个模拟物，不仅模糊了现象与现象之间的界限，而且也消除了现象本身。赛博格本身的存在就是对生命的污染和扭曲，直至最后生命与它的模拟物变得密不可分。赛博格的生命就是一个模拟物。

从词源学角度分析，模拟物或者说拟像这个词有幽灵和幻影之意，它可同时既在这里又在那里，既是真的又是假的。模拟物是属性不稳定的“物”，它把人类世界拉到了自己内部，它伪造时间、质疑记忆的顺序、强迫现实变成多重模式，使现象和现象表征被迫互相冲突和污染。模拟物激发出来的恐怖和快感源于模拟物本身是透明和不稳定的，以及它在现实中揭示自己的同时又否定了现实的真实性。模拟物是现实的屠杀者（正如小说《1984》对大洋党的描述就很好地说明了这一点）。赛博格是一个模拟“生物”，它就像幽灵般怪异和恐怖，嗜血，吞噬着它的模拟原本。

赛博格是一个必要的技术文化概念，因为它是文化体的独特表征，赛博格所代表的理念不但是一种混合或纠缠，更是人类现实层面具有根本性、决定性和尤其明确的突变。赛博格是生物与文化融为一体的产物，同样，它也标志着人类现有理念下所谓的生物的终结。赛博格还是身体在语义方面的转换，它是有生命的生物体，其身份、历史和存在均由技术计议和文化定义。它是跳出二元性的，无罪恶感、性压抑和挫折感的身体，正如唐娜·哈拉维在她那极具影响力的“赛博格宣言”中所提出的，赛博格是一个无性的生命体，同时是男人，是女人，也是机器。[17] 它是生物的消亡和崩塌。

83

因此，赛博格暗含着一种复杂性，一种已超越了赛博格身体假体或神经系统假体的复杂性。赛博格不是用人的肉体“制造”出来的机器人；它是若干现象包括男性、女性、表征、技术、进化等的聚合，这些现象在自身之间和彼此之间进行发展和演变。

这里有一个很好的例子，就是保罗·范霍文[18]执导的《机械战警》第一部，我一直试图界定它是一部怎样的电影。电影的基本主题不仅仅就是讲一个被囚禁在机器里的人，机械战警是一个捕食者，他掠夺现实，也掠夺其生物结构；他也不只是威慑底特律市的那帮暴徒，他是要让生命本质都感到畏惧；他既是人又是机器，所以机械战警使生物学最本质的根基都变得岌岌可危，这也体现在影片中主角忍受着一种关乎本体的不确定。机械战警的前身（即肉体）不仅被假体“入侵”，他作为人的人性本质也彻底被消除了，机械战警所剩无几的记忆是最后作为人的他濒临死亡。影片结局酷似温斯顿·史密斯——被囚禁在一个没有世界可言的属地里，他的身体已与他作为人类一员的人性割裂开来。机械战警不只是一个被束缚于机器里面和被奴役的人，其实他已经不再属于人类，他也不是什么别的东西，确切地说他正在成为别的东西，那就是他的本质。对于不同的存在体来说，机械战警是另一种存在的起点，是正在形成中的各种存在的聚合。

《异形》四部曲虽略显不同，但也是个很不错的例子，它讲述的是人体一旦被异形渗透，就有可能失去对其自身的一切限定和界定。[19] 事实就是，一旦被这种外星动物感染，人类就会完全失控，失去一切所能定义自己的控制，瞬间变得可以同时是雄性和雌性，既是卵生动物又是昆虫和哺乳动物，既是子宫又是卵和胎儿，既是骨架或壳体又是液态或液体，既是有性的又是无性或机械的躯体，既是猎物又是捕食者；一旦受孕，人类体内就会有一个怪异但又具象的失重的存在，它半异形、半人类，既是以自身为界的世界，同时也是超越自身延至版图和领地的世界。新的存在既不完全是人类，也不完全是外星生物；他其实就是亚瑟和马瑞路斯·克若克夫妇所说的恐慌体，一个把实质建在多层形式之上从而被自身的不稳定性折磨的身体，84 一个不再清楚在何处或者该如何定义自己的身体，一个迷失在自我本体存在之中的身体。一个被异形感染的人不再属于人类，他也不是什么别的东西，而是他永远处在一种正在成为别的东西的状态里，一个移动的不断变化着的存在——同时既是人类，又是异形，也是两者之间的过渡。

第三个例子是 20 世纪 70 年代的恐怖片《怪形》。[20] 尽管片中“角色”并不是赛博格而是一个外星“物”，然而它们的运作方式还是一样的。像赛博格一样，这个“物”通过扭曲生命的形态尤其是人类的生命形态和否定生物身体的有效性来猎杀现实。这个“物”是一种尚未变成现实的形体不定的存在，即便有人被它感染了，也无从察觉。事实上，一旦被感染，生物体就会失去任何可能的自我意识。这个“物”不仅杀死人类和狗，通过让他们相信身体还仍然是自己的，还仍然是独属于人类的想法，即每个被“物”吞下或吃掉，而后又被重新造出来的人都还固执地坚信自己是人类，而实际上他们已经死了。这个“物”成功地否定了这些个体的存在，它是一个本体的捕食者，所以宣称自己没有任何原形，但其实是它总把自己伪装起来或是正处于变成某物或某人的状态中，从来没有以本来外星生物的原样出现过。这个“物”无法被定义，因为它不仅自己没有身体，它还会阻止任何被它吞噬的人拥有身体，它只存在于自己的各种变异里以及各现实层面（包括人类、科技、外星物种、分子、原子等）的相互耦合中。这个“物”就像幽灵，易变无常，整个全是身体，又没有任何身体。它一头刺进活的本体，然后就消失得无影无踪了，像一头严重变异、变形的野兽，似乎人们唯一能理解它的一面就是它“变形的极限”能到哪里，就像莫罗的动物们一样。在此“物”之中，人类不过是些影子罢了。[21]

我的最后一个例子是詹姆斯·卡梅隆执导的《终结者

2》。这部电影标志着我们对表征理解的一个转折点，从这部电影开始，电影史上第一次出现了现实（电影中那些所谓“正常”的形象）和文化（电影特效）之间的区别不再适用的情况。一个真正的赛博格（机械人）在影片中被具化了，这个“物”的本质完完全全实现了半人类、半机械（因为即使我们最细微地检查电影底片上的物理现实，我们也无法把演员和机械人区分开来），影片已经把身体从它的能指代表中抽离出来，然后将其塑形、融化，最后再重新凝固，通过使用数字成像技术，可以说这部电影实现了莫罗博士的梦想，挑战了“变形的极限”，被制造出来的身体无限多重、透明和易变，以至于从这些身体中又可以生长出无限多不可能的形态。《终结者 2》中，现实层面里稳定的生物尺度已不再能把人类的肉体、人类的形态以及人类的本体都保护起来，任何的生物形态和本质现在都变得可以被轻易重新加工、重新协调和重新建构。由于数字图像的存在，传统的人体表征已让位于怪异和似乎不可能之“物”，它们在不为有机世界所知的空间和时间里四处游动，那里存在的本体都是新的和非同凡响的。

数字化身体并不是一个有机系统；它是一场运动。

数字图像是一种模拟，它们没有物质性；像查洛特·

戴维斯所说，数字图像是我们对知识建构的总和。但是，数字图像基于自己也可以自成一个领域，当一个人数字化之后（当他的形象被数字化的时候），他的最终成像已不再是一个有生命的生物“镜像”，数字化的人类变成了一个他者，一个真正的赛博格，半计算机半人类，一个成分不纯的存在（如幽灵、幻影），不能绝对或稳固定义他是谁或是什么，这个他者同时可以是几件东西、几种性别、拥有几种器官和几种机器。人类形象一旦被数字化，就会从本源中将自己释放出来，并可以自我变形，成为众多景观；不受任何概念限制，自成系统。

数字图像是真正的革命，它让我们能够审视文化体的形式、突变和变革。有机与科技之间的不断碰撞定义了一种新现实，数字图像是这种新现实的基本语言。在数字领域中，不存在扎实理性、固化稳定的人类现实，只有重叠的可以不断被重新定义的表征。

数字图像正在成为一个环境，在这个环境中，生命的结构变得透明，能指与所指之间的契合关系发生了巨大变化，变得无法辨认，现实的真实只剩下相互感染，别无其他。在数字图像中，生命就像一场奇怪的风暴，追其表征的最初源头不禁让人想起蝴蝶效应中那双已经扇动起来了的翅膀。

86

但一个数字的图像本身就是一个数字，从定义上讲，数字的图像是矛盾的。[22] 数字图像是一种不可能的建构，因为它们并不涉及我们的现实，也不存在于我们的现实之中或通过我们的现实而存在，它们的现实存在于有机与非有机之间的动态重叠之中。

数字图像是文化体的艺术。和文化体一样，这些图像“把我们从时间的确定或意外的危险中解脱出来，如今已经沦为了纯粹的偶发事件”。它们“把我们从命运的欺骗中解救出来，挫败了命运的不确定性”。[23] 作为文化环境的实质，数字图像通过消解模拟与人工合成之间的界限而扩大了我们对世界的认知，人工合成还通过数字图像变成了新现实的模拟，也就是一个建立在文化基础上的类现实。

我们把影像看作“拷贝”是对世界相对忠实的反映，而随着数字图像的到来，这种观念已不再适用。当我们把真实的事物数字化时，一个平行的世界就出现了，在这个世界里，身体、物体和物理现象（如光、影、风等）相互滑动，充分显示了有机、技术和文化各个领域间摇摆不定的状态。通过数字化的方式，身体和物体最根本的结构发生了变化，它们突然获得了一种新身份：领域图像，里面是各种完整而自主的宇宙世界。

数字化身体是一种文化体。当人类被数字化后，他就不再属于有机现实了，每一个数字图像都像回音一样变成了反射回来的效仿物，它是平行现实中的印记，就像粒子加速器中中子的踪迹一样。

数字化图像并不只存在于物质世界，因为它所代表的身体、物体或现象会不断地在真实与人工之间（如在模拟与人工合成之间，在有机和技术之间）转换。在数字化图像中，一切都转化成了过程。在数字化图像中，存在是一个由身体、形式、器官和现象组成的集体，分布在许多领域。在数字图像中，存在即转化。

我们先暂时回到《怪形》这部电影上，虽然影片中的生物还算不上是真正的数字创作，但它对身体的表现却会让人联想到这一类形象。跟数字影像一样，这个“物”并不仅仅是一个物体或一个生物的复制；它是一个真实的拟像（一个真的“幻影”），它“掠食”的是生物的现实和生命形式。在此“物”界内，人类现实（人类尺度上的现实）被肢解和抹杀；在此“物”界内，从一个生命到另一个生命、从一个现实到另一个现实的转换是无限的和永无休止的。这个“物”始终是不稳定的，而且拥有同时囊括

87

多个现实层面的能力。在变身之时，既是外星生物，又是人类，也是介于两者之间的其他实体。当《怪形》中的那个生物变异成不同的存在（如狗或者人）时，它之前的表征（以前模拟的生命形态）就会被赤裸裸地撕开，这个“物”在撕裂的过程中获得了诸多层次上的意义（包含人类、动物、外星生物，以及介于他们之间的其他的很多意义），而事实上，也只有在其形式为多重的以及它是对复制品的极端变异和对模仿物的完全颠覆的情况下，这种存在才能被理解。

《终结者 2》也是在不稳定性和多重性的概念下成形的，它“说”的是文化体的语言，展现的也是这种新型的身体，有机体在其中已不被认可，片中电脑合成的罗伯特·帕特里克（T-1000 赛博格）的各种变形就是把人体变异成一种永不停歇地移动、变化和波动的形态，数字化的帕特里克被转化为一具“多重领域”的过度定义自身的躯体，而且一旦数字化，这具躯体就超不出二元复合体的范畴，这也就是新现实的排列语法。演员的身体在数字化状态下不断产生新的意义而被理解甚至接受，因为这一切都取决于它的渗透性和运动性，而非它的物理性。

也幸亏有了数字化，当身体的变形出现在屏幕时，

“新”的存在（或者说是新的存在体们）也随之出现，它们一半是原本，一半是新存在体，但永远不会完全是这一种或另一种，它们由移动的像素构成。在数字影像中，身体是一个自成一体的世界。

身体的数字化变形动摇了自身的根基，那个依自然法则的有形人体原本是植根于死亡的，而数字人体则是失重的，定义数字人体的各个领域也是处于不断变化之中的。数字图像不是身体的复制；它是形象体（image-body），是建立在自身之上的独立世界。数字影像技术倡导的生活模式基于一种完全不同的表征风格，它不是建立在生殖上，而是建立在生产上。随着数字图像的产生，人类已无法回到原初；也就不再有那些所谓初始和原初的时候能让我们指着说：“这个图像是那个物件或那一物体的类比之物。”相反，数字图像可以同时既是各个世界，又是各个世界的模型。由于数字图像与外部动力并无联系，也未向外部现象（诸如概念、参照物、观念等）延伸，因此表征就成了一个深渊，向内部无尽可能的意义集合爆裂。在这种内爆之中，一切都变成了形式与功能之间的无限纠缠，最终分崩离析，化为一片集图像、器官、生物模拟和技术突变的原始之汤。

88

文化体迫使我们重新评估人类在其所处宇宙中的位置以及我们是怎样占据那个位置的。既牵涉到生命、非生命，又涉及人工、技术，乃至政治、文化和社会，多种关系错综复杂，我们定位何处？根据技术告诉我们的生物学、生理学和遗传学，作为人类，我们始于何处，又终于何处？我们在哪个时间节点上会变成另一种东西？生命又在哪个时间节点上会变成人造生命？特克尔曾说过：

> 这种牵绊着技术的新型关系使我们不得不发问，我们自己在多大程度上已经变成了那个生物、技术和代码的跨界混合体——赛博格。人与机器之间的传统距离已经变得难以维持。

“人与机器之间的传统距离”是人类现状的关键之一，文化体的出现告诉我们，世界的现象、动力、产物生成出无限种解读、潜能以及指向，通过文化体中共存的技术、意识形态和社会经济动态，我们以多种不同的方式去看和听世界。但我们更多的是意识到了人类只是无限多潜在现象中的一种可能性，因此生命必然被看作是一种横向而非纵向的动态，存在体、现象、动态都没有相互消除，而是彼此相互作用、合并和污染。

那么，这种人体向文化体的蜕变又会带来什么影响呢？任何活体都不能单个孤立出来，每个身体都是几个活体同时存在的结果，是DNA、分子、原子、数字结构、化学物均衡或失调失衡、菌落、概念病毒以及进化结果或意外的模糊混合体。对于文化体来说，所有这些定义都是成立的，有时它们还涵盖广泛、相互包容。

89

文化体也使我们明白了，并没有什么分界线将生命、事物和现象割裂开来，有机体与文化体之间的分界只是视角问题。现象似乎是根据其复杂程度来区分的，而不属于生和死那种绝对的区别。可以说一个事物比另一个事物更复杂，但不能说谁比谁更天然或谁不如谁天然。显然，从这一视角理解我们周围的世界会增加“已有”生命体的数量，正如有些作者所说，现在我们必须把城市、机构、计算机网络，甚至文化本身都看作是宏大生命领域中的一部分。

文化体就这样把各种体和现象搅混在一起延展开来，它否定了所有体和现象的排他性以及界限，总之就是使边界、界限、周界都成为不可能，特别是活的和死的之间的分界。举个例子，抗抑郁药的使用就暴露了我们称之为意识的那个东西在化学意义上的简单性。如果我最基本的层面可以从根本上被一种化学物质改变，这说明什么呢？换句话说，如果我的意识不过就是一种化学和电的化合物，那么一个生命体和一台机器，或者更具体地说，一个生命体和一台“会思考”的机器（如电脑）之间又有什么区别呢？一个自认为有生命、有智慧、有意识的生命体，又怎么会如此依赖一系列化学和电的反应呢？

本书从始至终都在强调病毒样行为的重要性，我试图表明，在全球以蜂巢状架构的时代里，感染性和污染性影响是这个星球最基本的两大动力，因为它们本质上都是如此交流传播的产物。病毒样行为是文化体的一个根本性概念，它明确显示了动力与有机体、叙述与表征之间的相互依存，例如，生物病毒会影响一个人的基因进化，而意识形态病毒则会改造他的认知结构，认知结构不仅会直接影响个体的社会和心理行为，而且还会直接影响其基因构成。例如，卫生观念强会产生不同且更健康的生活。不管从生物意义上还是从意识形态上，污染都是当前所有现象认知的核心。

我们通过文化体，利用无穷无尽的角度、表征和材料，形成、塑造和污染腐蚀着自己。在自然之中，文化体指向的是人工，在数字世界中它指向的是生物，在 DNA 中它则指向了规则系统。因为文化体的存在，世界模型才混合、纠缠到了难溯其源的地步，也因为有了文化体，甚至要感谢整个技术文化，那种稳定、平衡以及可预测的有机存在统统变成了不可能。

从莫罗追求的身体的极端变形到《终结者》和《怪形》那些让人着迷的变异，本章剖析的几篇小说作品都探讨了身体的可变性、受污染程度以及它们作为文化体的重生，简而言之，所有这些作品都说明，表征，特别是人体表征已不能再将自己视为是唯一的、排他的和可定义的，而应该认识到自己是一种被污染了的混合体。无论我们看到的是人与外星生物之间的融合、人与机械之间的融合，还是人与文化之间的融合，所有这些现象所传达的信息始终都是一样的：与周围所有现象一样，身体是个多元组合体。

结语：残酷的奇迹

92 我从不抱希望，但却活在期待中。自从她走了之后，就唯有期待。我不知道还有什么成就、嘲笑，甚至是折磨在等着我。我什么都不知道，我坚守信念，相信残酷的奇迹时代仍未过去。

——斯坦尼斯拉夫·莱姆，《索拉里斯星》

93 我们必须重写人类进化史。是的，星尘给我们播下了生命的种子，但我们从思想的余烬中进化而来。

今日人类已由多元和多层等级宇宙构成，我们以化学、基因和文化的短暂形式在气味、声音、灯光和符号的古老风暴里活着，我们的生命、我们的身体、我们的意识都只是扩大了的符号互动组合，它一直延展，直至时空。

我们既是独特的又是多元的、既是有机的又是无机的、既是科学严谨的又是荒谬无理的，人类就像是世界海洋的一波浪花，短暂而易变。虽本源不确定却完全可以窥见其边界的不断变化，亦可追溯自身源的踪迹。在我们内部，存在着成千上万的过往生物现实的时间和空间，正是这些现实形成、扭曲和改造了我们，我们是文化的构成，从文化子宫里而来。

我们成形于这个星球与自己之间的对话。

但如今，身体、环境和机器都是由人类自己的独白塑造的，我们仍在交流，但只是在自己的符号领域内交流。我们不断地创造出新的文化层，并把自己、自己的人工制品和自己的生态系统都掩埋在了各个表征世界里，一切都成了人类文化的残骸。

人类的基因组计划为这个从生物体中雕凿出的文化的到来而欢呼雀跃，架构其上并处于其中的人类社会可以就此看见和表达自己。生殖遗传学、整形外科、生物工程等正在造就出与我们所知身体有着根本不同的身体，这些身体也已然为成为真正的生物艺术品。克隆生物、转基因动物、瘾君子、拥有三基因父母的胚胎、被植入乳房的硅胶假体所毒害的妇女、使用电子假肢的截肢者、有器官被盗的弃儿，所有这些都是当前真实的生物艺术实证，也是真实的文化体。我们就是文化黏土雕塑出来的那些魔像。

这一趋势并不单单影响了生物有机体，我们已将自己的表征、身体、思想、机器以及机构都编织进了环境的结构里，如今环境也正在变成人类生产。

半个多世纪以来，科学家们都把注意力集中在了人工智能上，后来他们又集中在了人工生命上。所有人都收效甚微，他们犯了一个根本性的错误，那就是他们都把自己局限在了定义明确的物质结构中，而人工生命并不仅限于模仿进化的计算机程序运行。人工生命也是文化体。是一种人类已达饱和的环境，是对濒危物种的保护，是汽车的普及，是脱离了生物学的生命，它是文化的复制而不是基因的复制。人工生命是我们对电力的极度依赖，是用药物维持的生活方式，是我们用技术控制并保护起来的生存方式，是望远镜、卫星、火箭、探测器和环绕地球的天线组成的矩阵，是我们如何审视夜空的最初领域、走向大爆炸的前几秒、瞥见上帝散漫背影的方式。人工生命是一种新的形而上学：一种源于机器的形而上学。

人工智能亦是如此。它本身并非超级电脑，它是与之相关的历史、文化与生活。人工智能不仅仅指今天的专业医疗程序软件，同时也是创造它的工程师们，是使用它的医生，是充斥于生物圈的整个智能环境以及为其复杂性做出的让步。简而言之，它既是生物环境，也是文化和技术环境。

正如整本书中我们已经注意到许多人都在呼吁人们关注这一现象一样（皮埃尔·莱维、格里高利·斯托克、凯文·凯利等），然而，我希望能再进一步，人工智能和人工生命的人工生态系统影响的是那些根本性的变化，那么整个生物圈应该作为一个整体成为文化系统和智能系统。我们星球的有机余烬中正在酝酿着新的原始之汤，其中的生命不再仅仅是个简单的生物构造，它还有能够授粉的思想、昆虫群、突破性的科学理论、延展表型以及新发疾病，等等。

现如今，文化复制已经渗透到了所有现象、动态和实体中，迫使生物环境发生根本性变异。生物圈里智能饱和，它以最广泛的符号形式在周围世界自我播种，污染着有机物、生物以及环境，促使它们向着奇异的进化方向发展。于是，现在环境中洋溢着各种病毒迹象、病毒表征和病毒智能，并从根本上重塑着我们。

人类已不复存在，也不会再重新归来，我们是生物表征的残骸，所以不会立即消失，但就像此书所研究的文本和电影里暗示的那样，我们的归宿不可避免。我们正在成为他者，形式与存在都具可塑性，我们同时生活在几个宇

95

宙之中，我们本身是无限的生物、文化和物理疆域，作为“人”这种生物存在时，我们正走向灭绝，一个由皮肤、思想、昆虫、器官、机器和文化组成的新的多元组合存在正在崛起。

我们不会变成赛博格，但会是素描、图片、文字和歌舞，所有现象都会在我们的内部世界杂糅交融。

有些人对生物灭绝的任何提法都会反应激烈，他们对出现这么一个不仅在科学技术方面，而且在生命体、基因组以及环境方面都如此陌生的世界而感到忧虑不安。我认为这种担心在一定程度上是合理的。我们居于这个充满残酷奇迹的时代，迷人又可怕的现象、科学实验和探索发现不断包围和迷惑着我们；这个时代里的我们也将是非凡和令人惊心动魄的。我们目前的认知和理解滑坡才刚刚开始，如果说人们似乎不太能够真正理解克隆意味着什么，那么要理解克隆生物在人体内受精后会怎样就更是难上加难，试想一下，当一些人与生母的基因背景间不存在任何遗传链时，他们出生后就很难确定哪个是孩子而哪个不是。

许多严肃的道德难题还在等着我们，例如，我们对人类的定义将从哪里开始，又从哪里结束？人类的一个创造物如果要完全处于一种生存状态需要多长时间？其实一切问题的根本都在于我们是否能够勉为其难地生活在一个自身被分割和共享的世界里。人类存在正成倍增长，现在，一个“人”类就是一个离散动态，一个授粉系统，一阵受过污染的风。关于我们是什么的观念正在发生巨大的根本性变化。脱离开生物学制约，我们一直认为是我们灵魂的东西正在成为一个由符号、肉体、机器和身体集合而成的团体。在人机的意识世界里，也就是在一个我们灵魂安于机器的世界里，我们该如何生活？

每个生命都在经历一场蜕变，但没有谁会像卡夫卡的甲虫一样再现于世，我们正要变成的是一个含纳时间、空间和各种生命形态的蜂巢，宇宙在人类极度深邃的结构中扩张和成长。

注　释

96

引言

1. 比如说环境。

第一章　尤卡坦半岛的陨石坑

1. meme：模因是一种思想病毒。也有人直接把 meme 音译为谜米或弥母。所谓模因就是模仿因子，即通过模仿、重复等方式将思想传播出去。

2. 我对“技术”的定义包含机器、工具、计算机等诸多内容。

3. 当然也存在其他交互程度会威胁到我生存的情况（比如说微生物），但由于我不会直接介入或修改它们的现实环境，也就无须将它们考虑在内了。

4. 想想一个活细胞的情况。构成细胞的特定酶、类脂、DNA 分子，这些东西都相对简单，它们所遵循的物理和化学定律也不难理解，但我们绝不能单独拿出它们当中的一个说：“这个东西是活的。”只有所有这些分子以一种特定模式聚集起来，他们才叫作生

命。（沃尔德罗普 1990，67）

5. 这正是“人工生命”学家们所认为的——他（兰顿）的观点是，生命是一个过程，即一种不拘泥于具体物质表现形式的行为。生命最重要的不是它是由什么东西构成的，而是它做了什么……兰顿就此概括说：“关于人工生命最重要的一点是，人工生命中的人工不是指生命，而是指物质材料。出现了真实的事物，我们观察真实的现象，这是人工媒介中的真实生命。”（凯利 1994，347）

6. 比如消化道细菌。

7. 从理论上讲，现在我们已经做好了二代基因接管的准备：人工生命（a-life）的硅基生命将取代包括人类在内的碳基生命。新的生命形式会有一定的优势：物理外形或身体更加多变，可以是任何材料和任何形状的，不易磨损；也许几千、几万年后还依然活着。（列维 1992，344）

97

8. 本章后面就这一主题有更详细的探讨。

9. 已经有人提出涉及类似领域的假说。例如凯文·凯利就把文化看成是基因进化中的一个重要因素。根据凯利的观点，文化和基因进化被锁定在一个各因素关系紧密、共同进化的过程中，每当生物并非因为本能，而是通过文化手段达到一种适应时，就会面临一些“可能性空间”，探索生物和基因上的各种可能性（文化“接替”了某些生物所负的责任）。随着时间的推移，文化承担了越来越多以前由生物所承担的责任，人类生物学也由此对文化产生了依赖性。某些人工智能科学家也认同这种文化和生物共生的观点，对这些研究者来说，生物体的智能复杂性直接取决于其面临的环境问题和挑战，其实，他们认为在生理上也是由其文化环境塑造的。

诺贝尔奖获得者希尔伯特·西蒙认为，生物行为的原始性和可变性在很大程度上是因为环境的丰富性，而不是因为自身内部程序的复杂性。在《人工科学》一书中，西蒙描述了一只蚂蚁在一个凹凸不平且很杂乱的地面上迂回前进的情景，虽然蚂蚁的路径复杂，但西蒙认为蚂蚁的目标非常简单：尽快返回自己的领地。返回的路径弯弯曲曲是途中蚂蚁遇到的障碍所造成的。西蒙的结论是："当蚂蚁被视为一个行为系统的时候，它是非常简单的。过一段时间后，蚂蚁所表现出来的行为的复杂性主要反映出它所处环境的复杂性。"…… 有趣的是，如果把这一观点应用于人类，那就有力论证了文化在智力形成过程中的重要性。智慧的成长不是像蘑菇生长在黑暗中，而是靠与一个从某种程度上来说比较丰富的环境的互动。文化创造人类就像人类创造文化一样重要。这种观点不但没有贬低我们的智力，反而强调了文化有着神奇的丰富性和一致性，而这一切都源于独立的人类生活。(卢格、斯塔布菲尔德 1993，12)

98

10. 克罗宁 1997—1998，71。

11. 迈克尔·施拉格在一篇关于理查德·道金斯的文章中曾说："不仅有机物的身体按照自己的基因顺序发展，其制造或使用的人工制品也是如此。从这个意义上讲，蛋生蛋既要用到鸡，也要用到巢，所以巢就是蛋的一种进化延伸。……因此为了'一己私利'，基因中的无形代码才是有形世界中各大领地的真正操控者。"(1995，172)

12. 大学教授、科幻小说作家大卫·布林是这样描述模因的："考虑到像病毒一样传播的特性，理查德·道金斯发明了模因这个词，与基因相对。模因不仅在有机体宿主即人类思想中扎根，而且颇有计划地四处传播、去感染其他宿主。有些模因是致命的，有些模因是共生的，很多模因是互不相容的，甚至在我们的思想里'开战'。"（1989，74）

13. 因为它可以让复制因子在相同的生存载体中创造出像意识、神经系统、免疫系统等这样的动力，从而可以生存更久，繁衍能力也更强。

14. 耶斯佩尔·奥夫梅耶认为，免疫系统和神经系统是同一机制的两个组成部分，奥夫梅耶称之为"漂浮的大脑"，它把遍布全身的表征和免疫系统应激反应紧密交织在了一起。

99

15. 森林有意识吗？海洋有生命吗？有一点可以肯定：森林、海洋、蜂巢、蚁穴都是盖亚假说中的有机物（盖亚假说提出者洛夫洛克的术语），也就是说，它们处在不断控制、调节、管理自己的动态之中。这样的动态动力有免疫系统吗？当然有。一个蜂巢会不断抵抗闯入者，海洋有非常复杂的防御系统来保持其完整性（例如，海水含盐量），地球行星表层只允许有限数量的有机物居住，任何生物的或矿物质的闯入者如果想继续"活着"，就必须能够在多种化学、物理（比如说重力）和生物作用下生存下来。至于森林，正如本章开头引言所说的那样，森林"防御"的是生物病毒。

16. 兹比格涅夫·布热津斯基，哥伦比亚大学共产主义研究所所长，他使用“全球城市”一词，认为“村庄”所暗含的社区和亲密感的含义似乎已不再适合描述新的国际环境了。事实上，电脑、电视、电信相互融合，形成了一个彼此交错的网络，布热津斯基把它叫作技术电子网络，这个网络已经把世界都“打结系在了一起，大家互相依存、焦虑不安、关系紧张”，同时也造成了各自隐匿身份所带来的危险气氛，增加了相互孤立和孤立自己的风险。（马特拉1996，11；作者译）。

17. 菲利普·K. 迪克所著的《仿生人会梦见电子羊吗?》和根据小说改编的电影——雷德利·斯科特执导的《银翼杀手》之间有着本质区别。从迪克的小说问世到被改编成电影已有十几年的光景，斯科特的电影中，表现出敏感度和同理心的是赛博格，而小说中描绘的却是另一番场景：机器没有人性、残忍、邪恶、不道德且占有欲强，而人类却在忍受痛苦、质疑自己的存在和深知自己会慢慢消亡。小说中，即便人类与机器共享自己的世界，但人类仍然是人类。而对斯科特来说，人类已不再是人类，在他的电影中，赛博格必须被消灭，不是因为他们对社会造成危害，而是因为他们比人类自己更富有人性。电影《银翼杀手》中的赛博格渴望爱、生命和被理解，甚至渴望美与精神灵性；而电影中的人类与迪克小说中的人类形成了鲜明对比，他们已经变得不道德、邪恶、危险、占有欲强和残忍。这是完全彻底的逆转。在斯科特的电影以及卡梅隆的《终结者2》和范霍文的《机械战警》里，人类比机器更危险，而机器是富有人性的，它们就像是被下了魔咒，成为具有同情心、敏感度和同理心的道德生命，并肩负起本属于人类的那份善良的重任。

第二章　或多或少还活着

100

1. 理查德·普雷斯顿对病毒的运作作了如下描述：“病毒在细胞内进行自我复制，直到细胞最终被病毒全面感染而破裂，病毒从破裂的细胞中涌出，或者病毒会在细胞壁上发芽，就像水龙头滴出的水滴。……艾滋病病毒就是这样运作的。水龙头滴啊，滴啊，直到整个细胞被耗枯、消损和毁灭。如果被毁掉的细胞足够多，宿主就会死亡。病毒并不‘想’杀死它的宿主，因为那样的话，病毒也会死亡，这对自己毫无裨益，除非它能迅速离开垂死的宿主，然后马上进入新的宿主体内。”（普雷斯顿 1994，58–59）

2. 与普雷斯顿一样，劳里·加勒特在她的《逼近的瘟疫》一书中提出，新病毒疾病的出现是技术扩张的结果。但加勒特走得更远，她断言社会经济和社会政治的变化也是新病毒崛起的重要因素：“和埃文斯一样，麦克尼尔也看到了人类与微生物的关系随着时间的推移而出现的阶段性变化，但他并没有把这些阶段性变化与经济发展联系起来，而是把它与社会生态的特定阶段联系起来。他认为，人们发明了灌溉农业，这时水生寄生虫病在人类生态中就占据了主导地位；全球贸易路线则使像鼠疫这样的细菌性疾病得以传播；城市的兴建导致人与人之间的接触大量增加，从而导致了性传播疾病和呼吸道病毒的传播。”（1994，213）

3. 最初暴发的几次埃博拉疫情中有一次是由于扎伊尔几家小型

教会医院使用注射器不当造成的，这些每天只消毒一次的注射器非常有利于病毒的传播。显然，艾滋病病毒的传播也是这样的，艾滋病病毒传入非洲即使不是由政治、军事和经济的动荡引起的，但至少它们对病毒的传播十分有利。战争往往意味着经济危机、卖淫、饥荒、健康问题等情况的出现，而所有这些都会加速病毒的传播，特别是性病的传播速度。

4. 最后这两个问题是定义生命的根本。正如我前面提到的，表征使生命体从混沌和无序中挣脱出来，使它们成长、发展，并最终成为有意识的生命体。

5. 包括道金斯在内的一些科学家将病毒视为漂浮的 DNA 碎片，根据这一理论，病毒感染有利于多样、频繁的变异，从而加速了进化过程。

101 6. 重要的是不要忽视现代科幻文学对这些假说的影响。从威廉·吉布森到玛吉·皮尔西，现代科幻文学作品一直密切关注着人和机器的纠葛，这类作品创作的众多故事在数字文化的许多领域都变得相当流行。在维罗妮卡·霍林格看来，当代科幻文学事实上是在迫使我们解构“人和机器的对立，并开始就我们和技术的‘接合’方式提出新的问题，最终达到一种共同进化。”（1990，42）

7. 莱维 1990，216。

8. 莱维 1990，192。

9. 我自己并不聪明，但算上我所属的人类社会、我的语言、我全部知识的历史结构和我使用的智能技术，我就很聪明了。……所

谓聪明的个体只是围绕并定义他的整个认知生态里的一个微行动者。（莱维 1990，155；作者译）

10. 莱维 1990，166。

11. 莱维 1990，158。

12. 莱维 1991，255。

13. 莱维 1991，255。

14. 应当指出，类人物的概念不是 20 世纪才有的，一个多世纪前，塞缪尔·巴特勒在他的《埃瑞璜》一书中就写道：

有人会说，我们的血液由无数活化剂构成，就像人们穿梭于城市的街道一样，它们在我们身体里大大小小的道路上来来往往，当我们从高处俯瞰那熙熙攘攘的街道时，不也会联想到这就犹如血细胞在血管中穿行一般滋养着城市的心脏吗？不用说城市里的下水道或是身体里那些隐藏的神经，它们将发生了的或是所感觉到的从一个地方传到另一个地方；火车站拉低下巴打起哈欠，像是循环中转站，把血液直接注入心脏——人类永不停歇的脉搏，流回静脉血，流出动脉血。血液循环交替更迭，城市也有睡眠时间，栩栩如生，像极了生命！（巴特勒 1872，179）

102

15. 斯托克 1993，21。

16. 传统的伦理思想体系主要关注个人，仿佛他们是唯一的价值实体。但显然我们还必须考虑更大规模的群体权利及其作用——比如我们称之为文化的超级生命体和被称为科学的不断发展的各个伟大系统——来帮助我们理解世界。（闵斯基 1994，113）

17. 超生命是我称呼包括艾滋病病毒和米开朗琪罗电脑病毒在内的这一类生命的一个名称。生物生命只是超生命的一个种类，电话网也只是另一种，一只牛蛙充满了超生命，亚利桑那州生物圈 2 号项目就像计算机模拟的地球（Tierra）和《终结者 2》一样，也都充满了超生命。(凯利 1994，348)

18. 根据沃尔特·J. 翁的观点，依靠口语文化，人类可以生活在基于直接经验的世界里（因为言语只是说话行为的一部分)。翁说，实际上口语文化使人类认为自己是一个集体或普遍整体的中心。“对口语文化来说……人是世界的肚脐。”（1872，73）书面文化则是相反的现象，因为书面文化倾向于创造可观察的现象，是一个独特的观察者。根据翁的说法，书面文化促进了验证事实和批判性思维的发展，如果没有书面文化出现，我们现在所掌握的科学方法也就变成了不可能。然而，书写不是没有后果的，事实上，在科学方法的世界模型里，观察者是缺席的，因为他是从外部世界进行观察的。如果说在口语文化中，人类把自己看成是周围宇宙的一个组成部分，那么与此相反，人类在书面文化中把宇宙看成处于自己领域之外，即人类思考的对象，因而从根本上讲两者是各自独立的。如果说，书写在植根于物质生产和科学生产的社会里显得更为“精确”和“有用”的话，那么书写同时也倾向于仅仅依靠现象的可测量性来确定现象，就其形式而言，书写分隔了人类与生态系统。

19. 网络空间是一种新的思维方式，它不仅是我们熟知的视觉角度和听觉角度，还是一种没有任何已知参照物的新角度；一种触觉角度。远观、远听是传统视听角度的基础，但是，远距离触碰、远距离嗅闻则是将视角转向了新的领域：远距离接触的角度。（维里利奥 1996，54；作者译） 103

第三章　文化体的崛起

1. 对于凯文·凯利来说，所有生物体都是“某种历史记录”（1994，354），而对于弗朗索瓦·希尔帕兹来说，生命体是“我们据以构思世界的第一个模型”（1998，98；作者译）。值得一提的是，身体作为世界的模型也曾被 17 世纪的一种伪科学——相面术所利用。而对于身体的门徒来说，身体是一面完美的镜子，能够照到一个人的行为、智力乃至待人接物等社交风度；身体是一个文本，人们可以在其中读到他人的表象人格。

2. 变形身体经历了漫长且多样的历史。身体的残缺和毁损往往标志着个人与其群体间的关系，并经常被拿来为政治及社会各界所利用。关于此种现象，中世纪有一个有趣的例子，那个时期，耶稣被认为是理想身体的象征，他的身体被理解为既是物质的，也是非物质性的（因为基督被认为既是人又是神）。

3.《莫罗博士的岛》摘要：一个旅行者在船只失事后经过漫长的漂流，来到了一个陌生的小岛。这个岛屿归莫罗博士所有，博士试图把各种动物（美洲狮、猴子等）改造成人类，他在岛上进行着各种让人痛苦的活体解剖。这些实验的结果就是产生了一批半人半兽的怪物。

4. 一些赛博朋克作家也同样研究这些问题：如果一个人工智能系统在网络空间完美地再造了一个人，那么这个复制品算活着的吗？它属于人类吗？人工智能科学家也在不同场合思考过这些问题，图灵测试所提的问题就是从其中衍生出来的：如果一个人无法判断他是在和一台机器说话还是在和一个人说话，那么是否可以假设这台机器至少已经在一定程度上拥有了智能或意识？

5. 事实上已经达到了这样一个程度，在格里高尔的工作环境中也能看到那个昆虫般的他——“啊，上帝啊，我怎么就选了这么一个苦差事！每天都是夜以继日地在路上奔波，跑业务那种心烦意乱比在家里办公的实际业务要糟糕多了，况且我还得经常为出门的事儿劳心，担心倒车，吃饭没准点儿，饭菜更是糟糕透顶，总要不断结交新面孔，没有深交，也没有能发展成知己的。都见鬼去吧！……起得这么早，”他想，“会让人彻底变傻的。人类必须睡觉。……如果不是看在父母的面子上克制自己，我早就不干了，我会跑到老板面前，把压在心底的话吐个痛快。他一定会从办公桌后面蹦起来！说来也真是好笑，他坐在办公桌上，居高临下地对员工发号施令，尤其是老板听力不好，员工还不得不靠到老板跟前去。但是我也没有完全放弃希望，一旦我攒够了钱，把父母欠他的债都还清——这大概还需要五六年的时间——我一定能做到，然后我还将大展宏图。”（卡夫卡 1966，3-4）

104

6. 似乎一切萨姆沙都想到了，哪怕就闪过那么一下：“要是能有什么改变就好了，我宁愿生病，或是遭遇什么事故，只要能让我摆脱每天这地狱般的无聊和平庸。”萨姆沙马上就如愿以偿了，但当他发现自己变成了一只甲虫时，他也同时看到自己摆脱了所有人类应负起的责任，这种蜕变彻底摧毁了他。（舍勒 1960，877；作者译）

7. 引用鲍德里亚的话说，正义和惩罚的概念“就在一个无始无终的循环中相互交换”（鲍德里亚 1981，16；作者译），长官就处在如此这般无尽的循环之中。

8. 目的就是当新语被彻底采用而旧语又被遗忘时，异端思想——一种与英社（Ingsoc）原则相背离的思想——在字面上，至少思想还需依赖文字时，应该是不可想象的。……除了压制绝对异端的词汇，减少词汇量本身就被视为一种目的，绝对不允许存在任何可有可无之词。新语的目的不是扩大而是缩小思想的范围，实现途径是间接地将词语选择降到最低。（奥威尔 1949，246-247）

9. 这种奇怪的政治语言最终是要达到符号语言的完全失重：

他已坠入双重思想的迷宫。知道又不知道；完全知道事实真相又精心编造着谎言；同时持有两个相抵的意见，知道它们是相互矛盾的又对它们两个都深信不疑。用逻辑攻击逻辑；否定批判道德又极力争取道德；相信民主不可为之又相信党是民主的捍卫者；无论什么，只要有必要忘记就去忘记，又在需要它的时候将之拉回到记忆后再迅速忘记。上述一切都是把同样做的过程应用到做的过程本身。最终的精妙之处在于有意识地陷入无意识，然后又对你刚才的催眠行为失去意识。即使是要理解“双重思想”，也要使用双重思

105

想。(奥威尔 1949，32–33)

10. 以至于他们的身体自身已经变成了空壳：

他见过她……那是在公园里，三月份天气很糟糕的一天，寒冷彻骨，看见她时，她离他不到10米，他一下子就感觉到她已经发生了变化，虽然不太清楚是怎样的变化。他俩面无表情，几乎是擦肩而过；然后他转身跟在她身后，并不那么急切，他知道，四周很安全，没有人会特别注意到他俩。……他搂住了她的腰。……他搂得很紧，但她没有任何反应；她甚至没想要挣脱。他终于知道在她身上发生了什么变化，她脸色很不好，额头直到太阳穴有一道长长的疤痕，部分被头发遮住了；但他看到的变化不是这些。她的腰变得很粗壮，硬得让人吃惊。记得有一次，他遇到了火箭弹爆炸，当帮忙把一具尸体从废墟里拖出来时，他当时就被尸体不可思议的重量吓了一跳，而且感觉到的也是这般僵硬，非常难搬，那种感觉更像是搬石头而不是肉体。她的身体给了他这种感觉，他还突然感到她皮肤的质地也会和以前大不一样。(奥威尔 1949，239–240)

11. 布鲁斯·贝斯克显然是第一个使用“赛博朋克”这一词汇的人。“赛博朋克”首先出现在杂志《惊奇故事》中的一篇短篇小说里，后来在《华盛顿邮报》记者加德纳·多佐伊斯发表的一篇题为《80年代的SF》的文章里得到普及。(夏纳 1992，18)

12. 家就是蔓生都会（Sprawl），是波士顿—亚特兰大都会轴心（简称BAMA）。如果绘制一张数据交换频率的地图，巨大屏幕上每1000兆字节为一个像素，曼哈顿和亚特兰大就会闪亮成一片纯白，然后开始脉搏跳动，数据交换的速度让模拟程序随时有超载的危险。你绘制的地图就要如新星爆炸般地大放异彩了（吉布森 1984，43）。

13. 吉布森在迈克尔·贝内迪克特主编的《网络空间：第一步》里写过一个短篇故事，其中就概述了这一观点：这条街为各种物品开发出了自己的新用途——制造商从未想过的用途。原本用于行政即时笔录的微型磁带录音机变成了被称作录音带传播（magnetisdat）的革命媒体，使波兰违禁的政治演讲得以秘密传播。在竞争日益激烈的毒品交易市场上，BP 机和手机则变成了经济工具，其他科技产品又出乎意料地成了通信工具。……喷雾罐催生了城市涂鸦社。前苏联的摇滚歌手们用用过的胸部 X 光片自制黑胶唱片。（吉布森 1992，29）

106

14. 布鲁斯·斯特林就此提出了以下看法：

未来，计算机将发生超乎想象的变化。它们不再是让人胆怯、挂着一堆电线的东西，或是那些高高戳在你整个办公桌上、像要吞噬掉桌上一切的信息处理基地，其实计算机就是你手臂正夹着的，或被塞进你手提箱和你孩子双肩包里的东西。再后来，它们会贴在你的脸上，接到你的耳朵里，它们还会与你融为一体，变成你身体里的纤维组织。电脑又真正需要些什么呢？不是玻璃盒子——而是需要各种线——电力线路、玻璃光纤、蜂窝状天线系统、微电路，所有需要交织构造的东西。纤维、空气、电子和光，就像一条条可以瞬时链接全球的神奇手帕，你可以把它们系在脖子上，甚至用它们做帐篷，它们随处可见，传单般地铺天盖地，随手可得，是一只像牛仔布、像纸、又像孩子的风筝。（斯特林、吉布森 1993，1）

15. 福克斯曾说过，想象一下，如果有个外星人来这个星球寻找主要智慧形式，外星人看了一眼后作出选择，你觉得他会选什么？我也许会耸耸肩。福克斯则说是跨国公司大财阀 Zaibatsus（“二战”前能影响整个日本经济的金融企业集团，译者注），公司血液可不是人，是信息，公司作为生命形式，其结构是独立于构成它的个体生命的。（吉布森 1986，107）

16. 小西瑟瑞・罗内 1991，186。

17. 赛博格是后性别时代生物；它和双性恋、前俄狄浦斯恋母情结的共生、未被异化的劳动或为实现有机整体性而将部分力量全都转移到更高的统一体中等倾向都没有关系。……与科学怪人弗兰克斯坦的希望不同，赛博格不会期望父亲通过修复花园来拯救他，或者说通过制作一个异性伴侣，达到一个既成的整体、一个城市、一个宇宙。这次没有俄狄浦斯工程，赛博格也不梦想能拥有一个有机家庭模式的集体。赛博格不会承认伊甸园，自己不是泥巴做的，也做不到梦想重回尘埃。（哈拉维 1991，150-151）

107

18. 在这部极富赛博朋克色彩的电影中，即在一个被描绘成异步化、超资本主义和极端暴力的社会中，主人翁最终在与毒贩的交锋中重伤将死，唯一能拯救他的办法就是把他变成一个赛博格，一旦成功，他所效力的军事集团就拥有了他这么一个完美的人类/机械警察。

19. 这一系列电影中的异形都应该被当作赛博格对待。即使在特别恶劣的气候条件下它也可以生存，它的血液是酸性化学物质，它拥有机械关节（它的下颌），既无同理心也无同情心，既不是男性也不是女性（它们的女王除外），但由于是有机结构的，所以不可否认它是有生命的：

对于异形之父吉格尔来说，我们都是肉体做的，但我们的身体也同样有机械构造（骨骼、关节，也包括眼镜等其他配饰）；所以，如果说他设计的异形在刚一开始时是一个流着口水、肉嘟嘟、令人恶心的生物，那么后来它一定会变成一个十分巨大、拥有半透明的大脑和钢质下颌的金属怪物。这种机械元素与肉体元素相融合，完美地象征了当代人类的双重性，他们是骨肉之躯，但也生活在一个充满冰冷金属和毫无人性可言的机器的世界中。（罗斯 1979，123；作者译）

20. 在这部怪异电影里，一群驻扎在与世隔绝的极地科学家们遭到一个最令人恐惧的外星生物的袭击，这个生物在吃掉猎物后，能够完美复制、变形为它刚刚吃掉的那个人或动物。

21. “我知道我是人，”电影《怪形》里的主人翁理性地说，“但这个‘知道’已经变得空洞甚至是毫无用处了。”（布卡特曼 1993，267）

22. 宾克利 1990，13–14。

23. 杜霍特 1991，147（作者译）。

词　表

108

人工智能（Artificial intelligence，AI）：包括计算机科学、神经科学、哲学、心理学、机器人学和语言学的多学科领域，致力于复制人类推理的运作。

人工生命（Artificial life，a-life）：即凯文·凯利定义的生物合成科学，人工生命创造和研究计算机网络中似乎出现的“活的”有机体。按照克里斯托弗·兰顿的说法，生命是“试图以不同的物质形式抽象出生命的逻辑”。

赛博朋克（Cyberpunk）：20 世纪 80 年代初诞生的艺术和文学流派。赛博朋克流派探索人类、机器和社会的融合，旗帜下的文本通常是科幻小说，故事背景设定在网络空间。威廉·吉布森，布鲁斯·斯特林，尼尔· 斯蒂芬森，还有帕特· 卡迪根都是它最著名的代表，电影《银翼杀手》《机械战警》《终结者》和《黑客帝国》是该类型美学的典范。

数字图像（Digital image）：由像素构成的二进制图像。数字图像不是光敏胶片（如普通照片）的光致曝光产生的结果，而是独立于光线而存在，它是算法计算和处理的产物。

基因组（Genome）：特定生物体染色体中的所有遗传物质。生物体的基因组是它的染色体组，包含了它所有的基因和相关的 DNA。

模因（Meme）：即“创意病毒”，按照理查德·道金斯的说法，是一种思想的存在、传播和延续，就像病毒一样通过劫持宿主的繁殖和传播机制。

后现代性（Postmodernity）：正如伊夫·博伊斯弗特指出的那样，后现代性“不稳定地描述了不稳定性”，许多对后现代性的解读是可能的。然而，一些一般性的特征被普遍接受为这个时期的代表，列举如下： 109

1. 缺乏伟大的统一的叙述（如自由、宗教、家庭等），以及在此基础上建立普遍共识。相反，后现代主义认为世界是从大量支离破碎的“故事”（新时代、外星人生活、环境、女权主义、数字文化等）演变而来的，这些故事粉碎了我们社会的感知线性。

2. 现实缺失，即无法体验“真实”的现实。一切都可以被模拟出来，成为一个可以无限复制的没有起源的产品，它像迪士尼乐园而不是我们城市的现实。

3. 失重，即我们生活在语义失重的环境中，符号和物体不再重合。

4. 就像在互联网上玩角色扮演游戏和用社交软件聊天一样，我们是可以随意改变身份的人。

5. 借用正常且合法，比如像玛丽莲·梦露的麦当娜，这种现象可以扩大到整个互联网文化。然而，这种借用是没有任何历史视角的。

6. 形式和外观决定了深度，因为深度（意义）只是形式的结构。文字本身（如符号）变得和它们所属的文本一样重要。

110

7. 艺术品没有好坏之分。一首排名前40的流行歌曲或一篇学术论文，与一幅凡·高的画作有着同样的内在价值，因为它们都描绘了一个特定的现实。

生殖遗传学（Reprogenetics）：即遗传操作和繁殖技术的融合，基于医学、人道主义或美学原因对胚胎（卵子或精子）基因进行的操纵和复制。

技术培养（Technological culture）：我们目前生活的时代还在我们的框架内，我们认为技术是终极思想，或者说正确的标准。每件事都被定义，判断和评价。尼尔·波兹曼提出了"技术文化"的定义："这是一种文化状态，也是一种精神状态。它包括对技术的神化，即文化在技术上寻求授权和满足，并服从技术的命令"。

转基因（Transgenetic）：指通过重组DNA技术，将另一个生物体的基因注入其基因组中。

参考书目

Ascott, Roy. 1990. "Is There Love in the Telematic Embrace?" *Art Journal* (fall): 241–247.

Augé, Marc. 1992. *Non-lieux. Introduction à une anthropologie de la surmodernité.* Paris: Seuil.

Baudrillard, Jean. 1981. *Simulacres et Simulation. Paris:* Éditions Galilée.

Benedikt, Michael, ed. 1992. *Cyberspace: First Steps*. Cambridge: The MIT Press.

Binkley, Timothy. 1990. "Digital Dilemmas." *Leonardo: Digital Image—Digital Cinema,* suppl. issue, 13–19. New York: Pergamon Press.

Boisvert, Yves. 1995. *Le Postmodernisme.* Montréal: Boréal, coll. "Boréal express."

Breton, Philippe. 1995. *À l'image de l'homme. Du golem aux créatures virtuelles.* Paris: Seuil.

Brin, David. 1989. "Metaphorical Drive." In *Mindscapes: The Geographies of Imagined Worlds,* ed. George E. Slusser and Eric S. Rabkin, 60–77. Carbondale: Southern Illinois University Press.

Bukatman, Scott. 1993. *Terminal Identity. The Virtual Subject in Postmodern Science Fiction.* Durham: Duke University Press.

Bull, Emma. 1991. *Bone Dance*. New York: Ace Books.

Butler, Samuel. 1872. *Erewhon*. New York: Signet.

Cadigan, Pat. 1987. *Mindplayers*. New York: Bantam Books.

Cadigan, Pat. 1991. *Synners*. New York: Bantam Books.

Chirpaz, François. 1988. *Le Corps.* Paris: Éditions Klincksieck.

Couchot, Edmond. 1988. "La mosaïque ordonnée." *Communications,* no. 48: 79–87. Paris: Seuil.

Couchot, Edmond. 1991. "Esthétique de la simulation." *Art Press Spécial. Hors-série, Nouvelle Technologies, un art sans modèle?* no. 12: 145–149.

Cronin, Helena. 1997–1998. "The Evolution of Evolution." *Time* (winter): 68–83.

Csicsery-Ronay Jr., Istvan. 1991. "Cyberpunk and Neuromanticism." In *Storming the Reality Studio: A Casebook of Cyberpunk and Postmodern Science Fiction,* ed. Larry McCaffery, 182–193. Durham: Duke University Press.

Damasio, Antonio R. 1994. *Descartes' Error. Emotion, Reason and the Human Brain.* New York: G. P. Putnam.

Davies, Charlotte. 1991. "Natural Artifice." In *Virtual Seminar on the Bioapparatus,* The Banff Centre for the Arts, 16.

Dawkins, Richard. 1976. *The Selfish Gene.* Oxford: Oxford University Press.

Dawkins, Richard. 1995. *River Out of Eden.* New York: HarperCollins.

Deleuze, Gilles, and Félix Guattari. 1980. *Mille plateaux.* Paris: Minuit.

Dennett, Daniel C. 1996. *Kinds of Minds.* Science Masters. New York: BasicBooks, HarperCollins.

Dick, Philip K. 1968. *Blade Runner: Do Androids Dream of Electric Sheep?* New York: Ballantine Books.

Franklin, Ursula. 1992. *The Real World of Technology.* Concord: House of Anansi Press.

Garrett, Laurie. 1994. *The Coming Plague: Newly Emerging Diseases in a World Out of Balance.* New York: Farrar, Straus and Giroux.

Gibson, William. 1984. *Neuromancer.* New York: Ace Books.

Gibson, William. 1986. *Burning Chrome.* New York: Ace Books.

Gibson, William. 1992. "Academy Leader." In *Cyberspace First Steps,* ed. Michael Benedikt, 27–29. Cambridge: The MIT Press.

Gould, Stephen Jay. 1995. "The Pattern of Life's History." In *The Third Culture,* ed. John Brockman, 51–73. New York: Simon and Schuster.

Haraway, Donna. 1991. *Simians, Cyborgs, and Women: The Reinvention of Nature.* New York: Routledge.

Hoffmeyer, Jesper. 1993. *Signs of Meaning in the Universe.* Trans. Barbara J. Haveland. Bloomington: Indiana University Press.

Hollinger, Veronica. 1990. "Cybernetic deconstructions: Cyberpunk and postmodernism." *Mosaic: A Journal of the Interdisciplinary Study of Literature* 23, no. 2 (spring): 29–44.

Kafka, Franz. 1948. *The Penal Colony, Stories and Short Pieces.* Trans. Willa and Edwin Muir. New York: Schocken Books.

Kafka, Franz. 1966. *The Metamorphosis.* Trans. Stanley Corngold. New York: Bantam Books.

Kasparov, Gary. 1996. "The Day That I Sensed a New Kind of Intelligence." *Time* 147, no 14 (April 1): 57.

Kelly, Kevin. 1994. *Out of Control: The New Biology of Machines, Social Systems and the Economic World.* Reading, MA: Addison-Wesley.

Kroker, Arthur, and Marilouise Kroker. 1987. "Theses on the Disappearing Body in the Hyper-Modern Condition." *Body Digest: Canadian Journal of Political and Social Theory* 11, no. 1–2: i–xv.

Lasn, Kalle. 1995. "Wired Flesh. An Interview with Arthur Kroker." *Adbusters* 3, no. 4 (summer): 35–40.

Lem, Stanislas. 1961. *Solaris.* New York: Berkley Publishing Corporation.

Levy, Steven. 1992. *Artificial Life.* New York: Vintage Books.

Lévy, Pierre. 1990. *Les Technologies de l'intelligence. L'avenir de la pensée à l'ère informatique.* Paris: La Découverte.

Lévy, Pierre. 1991. "Le cosmos pense en nous." In *Les Nouveaux outils du savoir,* ed. Pierre Chambat and Pierre Lévy, 255–274. Paris: Éditions Descartes, coll. "Université d'été."

Lipovetsky, Gilles. 1983. *L'Ère du vide.* Paris: Gallimard.

Luger, George F., and William A. Stubblefield. 1993. *Artificial Intelligence, Structures and Strategies for Complex Problem Solving.* Redwood City, CA: Benjamin-Cummings Publishing Company.

Malina, Roger. 1990. "Digital Image—Digital Cinema: The Work of Art in the Age of Post-Mechanical Reproduction." *Leonardo: Digital Image—Digital Cinema,* suppl. issue, 33–38. New York: Pergamon Press.

Malina, Roger. 1995. "La rencontre de l'art et de la science." In *Esthétique des arts médiatiques,* vol. 2, ed. Louise Poissant, 39–48. Montréal: Presses de l'Université du Québec.

Mattelart, Armand. 1996. "Les enjeux de la globalisation des réseaux." *Le Monde diplomatique: Internet, l'extase et l'effroi.* Manière de voir Hors-Série (octobre): 9–14.

Minsky, Marvin. 1994. "Will Robots Inherit the Earth?" *Scientific American,* Special Issue: "Life in the Universe." *October* 271, no. 4: 108–113.

Ong, Walter J. 1982. *The Technologizing of the Word.* London: Methuen.

Orwell, George. 1949. *1984.* New York: New American Library, Harcourt Brace Jovanovich.

Postman, Neil. 1993. *Technopoly: The Surrender of Culture to Technology.* New York: Vintage Books.

Preston, Richard. 1994. *The Hot Zone.* New York: Random House.

Quéau, Philippe. 1997. "La galaxie Cyber." *Le Monde de l'éducation, de la culture et de la formation,* no. 247 (April): 20–21.

Regard, Frédéric. 1994. *1984 de George Orwell.* Paris: Gallimard.

Ross, Philippe. 1979. "Alien—le 8e passager." *La Revue du cinéma,* no. 344 (novembre): 123–124.

Sacks, Oliver. 1985. *The Man Who Mistook His Wife for a Hat. And Other Clinical Tales.* New York: Summit Books.

Sawday, Jonathan. 1995. *The Body Emblazoned. Dissection and the Human Body in Renaissance Culture.* London: Routledge.

Schoeller, Guy. 1960. *Dictionnaire des personnages.* Paris: Robert Laffont.

Schrage, Michael. 1995. "Revolutionary Evolutionist." *Wired* 3.07 (July): 120–124, 172–173, 184–185.

Shiner, Lewis. 1992. "Inside the Movement: Past, Present and Future." In *Fiction 2000. Cyberpunk and the Future of Narrative,* ed. George E. Slusser and Tom Shippey, 17–25. Athens: University of Georgia Press.

Shlain, Leonard. 1991. *Art and Physics: Parallel Visions in Space, Time and Light.* New York: Morrow.

Silver, Lee. 1997. *Remaking Eden.* New York: Avon Books.

Simon, Herbert Alexander. 1981. *The Sciences of the Artificial.* 2d ed. Cambridge: The MIT Press.

Slusser, George E., and Tom Shippey, eds. 1992. *Fiction 2000: Cyberpunk and the Future of Narrative.* Athens: University of Georgia Press.

Steiner, George. 1989. *Real Presences,* Chicago: University of Chicago Press.

Sterling, Bruce. 1986. *Mirrorshades: The Cyberpunk Anthology.* New York: Ace Books.

Sterling, Bruce. 1996. *Holy Fire.* New York: Bantam Books.

Sterling, Bruce, and William Gibson. 1993. Speeches on Education and Technology Given at a Convocation at the National Academy of Sciences, Science Virtual-Worlds Newsgroup, May 10.

Stock, Gregory. 1993. *Metaman: The Merging of Human and Machines into a Global Superorganism.* Toronto: Doubleday.

Thiébault, Claude. 1991. *La Métamorphose et autres récits.* Paris: Gallimard.

Turkle, Sherry. 1995. *Life on the Screen.* New York: Simon and Schuster.

Vajk, Peter J. 1989. Memetics: The Nascent Science of Ideas and Their Transmission. Text presented at the Outlook Club, Berkeley, CA, January 19.

Virilio, Paul. 1996a. *Cybermonde, la politique du pire.* Paris: Textuel.

Virilio, Paul. 1996b. "Dangers, périls et menaces." *Le Monde diplomatique* (octobre): 54–56.

Waldrop, Mitchell. 1990. "Can Computers Think?" In *The Age of Intelligent Machines,* Raymond Kurzweil. Cambridge: The MIT Press.

Wells, H. G. 1906. *The Island of Doctor Moreau, A Possibility.* New York: Duffield & Company.

索 引

Absolute, 7, 9, 10, 13, 35, 42, 43, 46, 53, 58, 59, 67, 78, 80, 89. *See also* Certitudes
AIDS, 28, 41. *See also* Kinshasa Highway
Alien, 42, 75, 79, 83. *See also* Cyberpunk
Anderson, Pamela, 21
Antidepressants, 89
Architectures of life, 12
Artifact, 10, 22, 23, 31, 33, 42, 48, 49, 52, 69, 77, 93
Artificial, 2, 8, 12, 19, 31, 38, 42, 44, 45, 50, 73, 74, 78, 79, 86, 88, 90, 93, 94
Artificial intelligence, 8, 12. *See also* Minsky, Marvin
Artificial life, 2, 8, 12, 19, 45, 74, 93, 94
Aryans, 67
Ascott, Roy, 50
Aterritorial body, 57. *See also* Clone; Cultural body; Plastic body
Augé, Marc, 77, 80

Bacon, 62
Bateson, Gregory, 50
Bear, Greg, 48. *See also* Cyberpunk
Becoming-animal, 57. *See also* Deleuze, Gilles
Big Brother, 69
Bioengineering, 93
Biological life, 43
Biological reality, 9, 10, 19, 20, 87
Biological realm, 10
Biosphere, 2, 5, 6, 15, 16, 18, 19, 23, 28, 30, 42, 46, 74, 94
Biotechnology, 7
Blade Runner. 39, 79. *See also* Cyberpunk
Body. *See also* Aterritorial body; Clone; Cultural body; Plastic body
Bodies without Organs, 57
Body as a new world, 55
Body piercing, 21, 57
Body-system, the, 81
Breton, Philippe, 78, 79, 80
Bukatman, Scott, 77, 78, 84. *See also* Terminal identity
Bull, Emma, 76. *See also* Cyberpunk

Cadigan, Pat, 55, 74–75. *See also* Cyberpunk; Gibson, William; *Mirrorshades; Synners*
Certitudes, 9. *See also* Absolute
Chaos theory, 7
Clone, 8, 58, 93, 95. *See also* Aterritorial body; Cultural body; Plastic body
Cognitive ecology, 48. *See also* Lévy, Pierre

Computers, 32, 42, 48, 50, 73, 74
Concentration camp, 3, 59, 60, 62, 67, 69, 72. *See also* Cultural-body fundamentalist
Consciousness, 9, 12, 41, 76, 82, 89
Cooks, David, 77
Cosmocide, 70. *See also 1984*
Csicsery-Ronay Jr., Istvan, 76. *See also* Cyberpunk
Cultural body, 2, 31, 52, 66, 67, 72, 73, 77, 78, 81, 82, 85, 86, 87, 88, 89, 90, 95
Cultural-body fundamentalist, 66, 67, 68. *See also* Concentration camp
Cultural territories, 8
Culture, 1, 2, 3, 6, 7, 8, 11, 14, 15, 16, 17, 18, 19, 20, 21, 22, 23, 31, 33, 36, 38, 42, 44, 48, 52, 53, 56, 57, 58, 59, 62, 63, 66, 67, 68, 72, 73, 75, 76, 77, 79, 80, 81, 82, 84, 86, 89, 90, 93, 94, 95
Culture of machines, 11
Cyberpunk, 61, 65, 72, 73, 74, 75, 76, 77, 79, 82. *See also* Bull, Emma; Cadigan, Pat; Csicsery-Ronay Jr., Istvan; Gibson, William; Sterling, Bruce; *Robocop; Terminator 2; Thing, The*
Cyborg, 2, 8, 13, 14, 23, 39, 78, 81, 82, 83, 84, 85, 87, 88, 95. *See also* Haraway, Donna

Damasio, Antonio, 25–26, 29
Davies, Charlotte, 33, 85
Dawkins, Richard, 15–16, 22, 24
Deep Blue, 9, 94
Deleuze, Gilles, 57, 72. *See also* Becoming-animal; Bodies without Organs
Dennett, Daniel, 26, 29
Depersonalization, 41
Digital body, 85
Digital culture, 68
Digital image, 85–88
Digital realm, 85
Digitized body, 86
DNA, 43, 46, 89, 90
Doublethink, 56, 71. *See also 1984*

Ebola virus, 45. *See also* Kinshasa Highway
Ecology, 43, 48, 52
Ecosystem, 5, 6, 8, 14, 16, 23, 27, 31, 43, 51, 67, 68
Entanglement of technology, 11
Entropy, 6, 17
Environment, 2, 5, 7, 8, 12, 15, 16, 17, 18, 20, 21, 22, 23, 24, 25, 26, 27, 29, 30, 31, 33, 37, 42, 44, 45, 46, 47, 48, 49, 50, 52, 55, 62, 67, 79, 81, 85, 86, 93, 94
Evolution, 2, 6, 7, 14, 15, 16, 18, 21, 22, 25, 33, 46, 51, 52, 55, 57, 62, 79, 80, 83, 89, 93, 94
Extended phenotypes, 94. *See also* Dawkins, Richard; Meme; Replicator
Extraterrestrial animal, 83
Extraterrestrials, 78
Extreme limit of plasticity, 58, 59, 84, 85. *See also* Moreau, Dr.

Farmer, Doyne, 45, 46
Flesh, 8, 55, 60, 83, 85, 95
Franklin, Ursula, 30–31
Free-market model, 80

Gene, 2, 6, 14, 15, 16, 20, 23, 24, 45, 48, 58, 59, 60, 78, 79
Genome, 79, 95
Gibson, William, 5, 48, 52, 53, 72, 73, 74, 77. *See also* Cyberpunk

Global hive, 44, 45, 89
Goldstein, 69
Golem, 78, 79, 93. *See also* Breton, Philippe
Gould, Stephen Jay, 6
Guattari, Félix, 57, 72

Hanta virus, 45
Haraway, Donna, 82. *See also* Cyborg
Hitler, 67, 70
Hoffmeyer, Jasper, 19, 22
Holy Fire, 72
Homo sapiens, 7
Hot Zone, The, 28, 41, 43. *See also* Kinshasa Highway; Preston, Richard; Virus
Human being, 1, 5–8, 12, 16, 20–22, 26, 32, 34, 35, 37–39, 42, 43, 45, 47, 48–52, 60, 61, 68–69, 77–78, 82–88, 90, 93–95
Human condition, 8
Human genome, 93
Human ontology, 82, 85
Hybrid bodies, 7. *See also* Aterritorial body; Cultural body; Plastic body
Hyperlife, 51, 52. *See also* Kelly, Kevin

Ideas, 1, 3, 5, 6, 10, 16, 17, 23, 24, 27, 28, 53, 56, 58, 88, 93, 94, 95
Infection, 29, 42, 46
Insects, 5, 24, 94, 95
Intelligence, 2, 6, 7, 8, 9, 10, 12, 25, 28, 38, 44, 48, 52, 73, 74, 82, 93, 94. *See also* Artificial intelligence
Intelligent condition, 8
Internet, 2, 8, 17, 21, 51, 52, 55, 74, 75
Island of Dr. Moreau, The, 56, 57–60, 65

Julia, 68, 69, 71

Kafka, Franz, 56, 59, 60, 62, 63, 64, 65, 72, 95. *See also Metamorphosis, The; Penal Colony, The;* Samsa, Gregor
Kasparov, Gary, 9
Kelly, Kevin, 14, 33, 40, 44, 45, 46, 48, 50, 51, 52, 78, 79, 94. *See also Out of Control;* Swarm Systems; Vivisystems
Khmer Rouge, 70
Kinshasa Highway, 44. *See also* Ebola virus
Kroker, Arthur and Marilouise, 77, 83. *See also* Panic body

Lem, Stanislas, 92
Leonardo, 50
Lévy, Pierre, 12, 48, 49, 50, 52, 94. *See also* Cognitive ecology
Lipovetsky, Gilles, 80
Living being, 2, 7, 9, 10, 11, 12, 13, 15, 16, 17, 18, 19, 23, 24, 25, 26, 27, 28, 30, 33, 35, 37, 42, 43, 45, 46, 47, 49, 51, 53, 55, 56, 58, 59, 71, 75, 82, 83, 84, 85, 89, 93, 95
Lovelock, James, 48, 49
Lyotard, 76

Machine, 1, 2, 5, 8, 9, 10, 11, 13, 14, 16, 23, 30, 32, 36, 38, 39, 48, 49, 53, 56, 73, 74, 75, 78, 82, 85, 88, 93, 94, 95
Malina, Roger, 11, 50
Mammals, 5
Man/machine coupling, 64
Man/machine perception, 10, 56
Meme, 6, 16, 20, 21, 23–28, 48, 67. *See also* Dawkins, Richard; Replicator
Metaman, 48, 49, 52. *See also* Stock, Gregory

Metamorphosis, The, 56, 60, 61–63, 65. *See also* Kafka, Franz
Meteorological phenomena, 5
Mille plateaux (A Thousand Plateaus), 57. *See also* Deleuze, Gilles; Guattari, Félix
Ministry of Love, 69
Minsky, Marvin, 39, 49
Mirrorshades, 73
Monet, Charles, 41. *See also Hot Zone, The*
Monosemiotic universe, 71
Monsters, 8, 78, 79, 80
More or less alive, 10
Moreau, Dr., 56, 58–60, 61, 62, 63, 65, 66, 71, 75, 84, 85, 90
Mutation, 45, 55, 75, 79, 84, 85, 88, 90, 94

Natural, 11, 23, 28, 31, 42, 51, 53, 89, 90
Nazi, 67, 68, 70
NetArt artwork, 42
Network, 16, 17, 18, 21, 28, 29, 42, 46, 47, 48, 49, 50, 51, 57, 73, 74, 75, 77, 78, 89
Neuromancer, 5, 52–53. *See also* Gibson, William
New reality, 12, 85, 86, 87
Newspeak, 56, 69
Niche, 7, 8
Niche of intelligence, 7
1984, 56, 60, 66, 68, 69, 70–71, 82. *See also* Cosmocide
Nonliving phenomena, 6

O'Brien, 71
Oceania, 69, 70, 71
Ontological predator, 84
Organic being, 13, 17
Organic life, 13
Organic niches, 7
Orwell, George, 56, 66, 68, 69, 71, 72. *See also 1984*
Out of Control, 14, 40, 50. *See also* Kelly, Kevin

Panic body, 83
Parasite, 28, 31, 43
Party, 68, 69, 70, 71, 82
Patrick, Robert, 87. *See also Terminator 2*
Penal Colony, The, 56, 63–65, 71. *See also* Kafka, Franz
Phenomenon, 1, 2, 5, 6, 9, 10, 11, 12, 13, 14, 16, 17, 18, 19, 21, 22, 23, 28, 30, 31, 32, 35, 36, 38, 39, 41, 42, 46, 47, 48, 49, 51, 52, 53, 57, 59, 60, 62, 63, 65, 71, 72, 73, 74, 75, 77, 78, 79, 80, 82, 83, 86, 88, 89, 90, 94, 95
Pinochet, 70
Planetary ecosystem, 6
Plastic body, 56, 58, 63, 66. *See also* Aterritorial body; Clone; Cultural body
Plastic surgery, 93
Pol Pot, 70
Posthuman condition, 8
Postman, Neil, 56. *See also* Technopoly
Postmodern culture, 42
Postmodernity, 38, 39, 43, 80
Preston, Richard, 28, 41, 43, 44

Reality, 1, 8, 10, 11, 12, 35, 53, 74, 78, 82, 86, 93. *See also* New reality
Replicator, 16–17, 23, 43. *See also* Dawkins, Richard; Meme
Representation, 6, 10, 11, 13, 23, 25, 26, 27, 28, 29, 32, 34, 35, 36, 37, 39, 45, 46, 47, 48, 53, 57, 69, 71, 78, 79, 81, 82, 83, 84, 85, 86, 87, 88, 89, 90, 93, 94

Reprogenetics, 93
RNA, 43
Robocop (character), 39, 75, 79
Robocop (film), 83. *See also* Cyberpunk; *Terminator 2; Thing, The;* Verhoeven, Paul
Robots, 8

Sacks, Oliver, 34–35, 37, 39
Samsa, Gregor, 3, 60, 61, 62, 63, 65, 66, 71, 75, 76. *See also* Kafka, Franz; *Metamorphosis, The*
Satellite transmissions, 6, 18
Sawday, Jonathan, 81
Selfish genes, 15, 16, 22
Sexless being, 83
Shlain, Leonard, 73
Simulacrum, 42, 60, 78, 81, 82, 85, 87
Smith, Winston, 66, 68, 69, 70, 71, 75, 83. *See also 1984*
Sontag, Susan, 36, 37
Species, 2, 6, 10, 14, 15, 18, 20, 28, 58, 94
Sprawl, 74. *See also* Gibson, William
Stalin, 70
Stelarc, 55
Sterling, Bruce, 72, 73. *See also* Gibson, William; *Holy Fire; Mirrorshades*
Stock, Gregory, 48, 49–50, 52, 94. *See also* Metaman
Stratified universe, 93
Survival vehicle, 16, 67, 68, 78
Swarm Systems, 48. *See also* Kelly, Kevin; Vivisystems
Synners, 55. *See also* Cadigan, Pat

Taylor, Frederick, 56
Technological age, 8, 48, 77
Technological ontology, 12
Technological reality, 8, 10, 11, 12, 13, 30, 56
Technology, 1–3, 7, 8, 10, 11, 13, 16, 19, 20, 30–32, 35, 36, 38, 39, 42, 49, 50, 52, 53, 60, 63, 72–75, 81–83, 87, 88, 95
Technopoly, 56. *See also* Postman, Neil
Teilhard de Chardin, Pierre, 50
Telescreen, 69
Terminal Identity, 77, 78. *See also* Bukatman, Scott
Terminator (character), 39, 75, 79, 85, 90
Terminator 2 (film), 84, 87. *See also* Patrick, Robert; T-1000
Thing, the (character), 84, 86–87, 90
Thing, The (film), 84, 86, 87
Thinking machine, 5, 89
Thinking matter, 6
Third Reich, 67
Thought control, 56. *See also 1984*
Thousand Plateaus, A, 57. *See also* Deleuze, Gilles
Toffler, Alvin, 77
T-1000, 87. *See also* Patrick, Robert; *Terminator 2*
Turkle, Sherry, 88

Unterritorialized body, 57
Utopia, 53, 69

Verhoeven, Paul, 83
Viral intelligence, 94
Virtual reality, 8
Virus, 13, 16, 21, 23, 29, 30, 41, 42, 43, 44, 45, 46, 47, 48, 52, 53, 79, 80, 89. *See also* Kinshasa Highway; Preston, Richard
Viruslike behavior, 89

Vivisystems, 33, 40, 51, 52, 78. *See also* Kelly, Kevin; Swarm Systems

Weightlifting, 57. *See also* Body piercing
Wells, H. G., 56, 58, 59, 60, 63, 68, 72. *See also* *Island of Dr. Moreau, The*
Wetware, 74
World Wide Web, 5, 8

X-Files, The, 42

Yucatán, 4, 15